黏弹性固体老化行为及本构方程研究

马小林 ◎ 著

电子科技大学出版社
University of Electronic Science and Technology of China Press
·成都·

图书在版编目（CIP）数据

黏弹性固体老化行为及本构方程研究 / 马小林著 .

成都：成都电子科大出版社，2025. 2. -- ISBN 978-7
-5770-1370-1

Ⅰ. O345

中国国家版本馆 CIP 数据核字第 20255LA746 号

黏弹性固体老化行为及本构方程研究
NIANTANXING GUTI LAOHUA XINGWEI JI BENGOU FANGCHENG YANJIU

马小林　著

策划编辑　　熊晶晶
责任编辑　　熊晶晶
责任校对　　李述娜
责任印制　　梁　硕

出版发行　　电子科技大学出版社
　　　　　　成都市一环路东一段159号电子信息产业大厦九楼　邮编 610051
主　　页　　www.uestcp.com.cn
服务电话　　028-83203399
邮购电话　　028-83201495

印　　刷　　石家庄汇展印刷有限公司
成品尺寸　　170 mm×240 mm
印　　张　　13.25
字　　数　　220千字
版　　次　　2025年2月第1版
印　　次　　2025年2月第1次印刷
书　　号　　ISBN 978-7-5770-1370-1
定　　价　　78.00元

前　言

印刷油墨是一种分散体系，具有复杂的流变属性，表现出明显的触变性、屈服应力、老化以及剪切年轻化现象。油墨的流变属性与其受力相关，具有记忆特性。施加大应力的预剪切作用能够消除所有受力的影响，建立标准的测试状态。在预剪切作用结束后，静置的油墨开始经历老化过程，其结构开始重构，从液态向微弱固体转变。温度越高，转变发生的时间越快。在自然老化状态下，油墨的弹性模量可用拉伸指数模型描述。施加剪切作用会阻碍油墨的老化过程，使其年轻化。引入无量纲指数可以反映印刷油墨的老化行为，通过时间尺度的变化，不同老化时间下的柔量曲线可以叠加成一条主曲线。

我国将质量分数为10%的弹道明胶作为创伤弹道研究的标准靶标，用来模拟武器弹药在生物体内的创伤效果，评估枪弹的终端性能。弹道明胶的力学和流变属性会直接影响轻武器设计的评估结果。研究弹道明胶的结构稳定性（老化行为）、黏弹性、大变形和破裂等力学行为具有重要的应用价值。本书以质量分数为10%的弹道明胶为主要研究对象，通过振荡、蠕变、剪切、压缩等实验研究其老化与力学行为，为弹道实验的靶标性质提供实用可靠的预测依据，为建立具有工程实用性和物理意义明确的轻武器杀伤机理和杀伤效能模型提供必要的力学参数和材料函数。

弹道明胶具有明显的老化行为，其结构演化时间可达数月之久。温度变化会引起弹道明胶发生溶胶–凝胶（sol-gel）的相互转变。在不同温度下，弹道明胶的等温老化的弹性模量具有自相似性。在给定的老化时间内，弹性模量与温度成近似线性关系，且交汇于 sol-gel 转换点附近。根据分子链的二级反应动力学模型，引入一个老化速率常数能够构建一个描述弹道明胶在老化初级阶段（小于 24 h）的弹性模量演化模型。老化速率常数与温度和过冷度的关系符合弗洛里–韦弗（Flory-Weaver）复性方程。通过对模量和时间进行无量纲化，不同温度下的老化曲线可叠加成一条主曲线。

引入应变能密度可用来分析剪切过程对弹道明胶老化的影响。实验结果表明，在某一温度下，存在一个临界应变能密度。当应变能密度小于该临界值时，剪切对弹道明胶的老化影响可以忽略。当应变能密度大于该临界值时，剪切会使弹道明胶的老化速率常数减小，阻碍对应的老化过程，即剪切能够实现弹道明胶的年轻化。从弹道明胶的整个老化过程来看，剪切所引起的年轻化行为是暂时的。随着老化时间的增加，这种年轻化行为会逐渐趋近于自然状态下的老化过程。

在不同的时间尺度下，明胶可展现出不同的黏弹性行为。本书通过对蠕变实验结果进行分析，采用伯格斯（Burgers）模型来描述弹道明胶的线性黏弹性行为，对某一应力下的蠕变实验结果进行拟合，得到模型的 4 个参数值。本书又对三组不同应力下的蠕变曲线进行尺度变换，得到一条主曲线，用同一参数的模型对主曲线和松弛模量进行预测。结果表明，Burgers 模型能较好地预测弹道明胶在中等时间尺度下的蠕变和应力松弛行为。

弹道明胶具有超弹性行为，在破裂之前能够承受大的剪切或压缩弹性变形，应力–应变曲线展现出应变硬化的特征。本书通过对常用大变形本构关系进行比较分析，用布拉茨–沙尔达–乔格尔（BST）模型和弹性流变（ER）本构关系来描述弹道明胶的大变形行为。由于存在微观缺陷，弹道明胶的破裂具有一定的随机性。在简单剪切和单轴压缩实验中，破裂应力数据出现多分散性，破裂应变在较小的范围内变化。应变速率和温度变化对破裂应力和破裂应变有较明显的影响。本书通过改变应力张量，求出破裂时的最大剪切应力，发现低应变速率下弹道明胶的破裂行为可以用摩尔–库伦（Mohr-Coulomb）失效准则来近似表示。

目　录

主要符号说明

符号	含义
a	线性 α 链上可形成三螺旋结构的反应活性部位的浓度
$a(t)$, a_∞	模量与老化时间的函数
A	Flory-Weaver 复性方程中的常数
b	回绕 α 链上可形成三螺旋结构的反应活性部位的浓度
B	Flory-Weaver 复性方程中的常数
$\boldsymbol{B}$	Finger 张量（左 Cauchy-Green 变形张量）
$\boldsymbol{B}^{-1}$	Finger 张量的逆
c_1, c_2	弹性流变模型中的常数
C_1, C_2	Mooney-Rivlin 模型中的常数
C	质量浓度
$\boldsymbol{C}$	Green 变形张量（右 Cauchy-Green 变形张量）
D	微分算子
$2\boldsymbol{D}$	变形速率张量
e^*	Eulerian 应变张量
E_1, E_2	线性黏弹性模型中的弹簧参数
$\boldsymbol{E}$	Lagrangian 应变张量
$\boldsymbol{F}$	变形梯度
g_0, g_1, g_2	材料函数（material functions）

符号	含义
G	剪切模量
G'	弹性模型或储能模量
G''	黏性模量或耗散模量
G_1, G_2	弹性流变模型（ER）中的剪切模量
G_c	能量释放速率
G_e	平衡模量
$G(t)$	松弛模量
G'_0	老化初始模量
G'_a	老化平衡模量
G'_r	无量纲模量
G'_∞	老化最终平衡模量
ΔG	Gibbs 自由能差
$\boldsymbol{I}$	单位张量
J	柔量
k	老化速率常数
k_1, k_2	二级反应动力学的正向和反向反应速率
k_B	玻尔兹曼常数
K	Cross 黏度模型中的常数
L	BST 模型中的主拉伸比
M_n	数均分子量
n	Cross 黏度模型中的常数，BST 模型中的弹性参数
N_1	法向应力差
p	压力
p_1, p_2, q_1, q_2	黏弹性模型中的材料物性常数
r	拉伸指数模型中的松弛指数（无量纲）
R	气体常数
$\boldsymbol{R}$	刚体旋转张量
s	Laplace 变换的复变量
t	时间

符号	含义
t_w	老化时间
T	绝对温度
ΔT	过冷度
T_g	玻璃转换温度
T_β	二阶转换温度
$\boldsymbol{T}$	应力张量
$\boldsymbol{U}$	右伸长张量
$\boldsymbol{u}$	位移向量
$\nabla \boldsymbol{u}$	位移梯度
$u(t)$	单位阶跃函数
$\boldsymbol{V}$	左伸长张量
w	应变能密度
$\boldsymbol{x}$	当前位置向量
$\boldsymbol{X}$	初始位置向量
X	分子网络结构中单位质量包含的链数
$\alpha(t)$	三螺旋形成的交联反应度函数
α, β	四元件模型推导过程中使用的常数
γ	切应变
$\dot{y}$	剪切速率
δ	相位
$\delta(t)$	单位冲激函数
δ_{ij}	克罗内克 δ 符号
$\tan \delta$	耗散正切
$\varepsilon, \varepsilon_i$	正应变
ε_T	真应变
$\dot{\varepsilon}$	正应变速率
$\bar{\varepsilon}$	正应变的 Laplace 变换
μ	表示剪切年轻化的无量纲指数
ρ_0	分子密度

3

续表

符号	含义
σ	正应力
σ_{ii}	正应力分量
σ_y	屈服正应力
$\bar{\sigma}$	正应力的 Laplace 变换
τ	切应力
τ_{max}	最大切应力
τ_0	老化特征时间
τ_{ij}	切应力分量
τ', τ_i	推迟时间（retardation time）
τ_y	屈服切应力
$\boldsymbol{\tau}$	偏应力张量
η	黏度
η_0	零剪切黏度
η_∞	高剪切速率下的极限黏度
η_1, η_2	线性黏弹性模型中的黏壶参数
ω	角频率
ν	比体积
λ	二阶张量的特征值
λ_i	主方向上的拉伸比
I, II, III	二阶张量的第一、第二和第三不变量
I_B, II_B, III_B	Finger 张量的第一、第二和第三不变量
II_{2D}	变形速率张量的第二不变量
~	近似阶
≈	近似等于
≪	远小于
≫	远大于

第 1 章　绪论

1.1 连续介质力学简介

1.1.1 概述

物质由分子和原子组成，原子又由更小的粒子组成。因此，物质是不连续的。然而，日常生活中与材料行为有关的许多方面，如结构在负载下的偏转、管道在压力梯度下的水流速度、物体在空气中运动时所经历的阻力，都可以用不关注材料微观结构的理论来描述和预测。这种只描述宏观现象之间的关系、不考虑材料在较小尺度上的结构的理论被称为连续介质理论（continuum theory）。连续介质理论认为，物质是可以无限分割的，从物体上切下的最小元素具有与物体相同的属性。因此，材料特性的随机波动不会产生任何影响。例如，固体弹性材料、液体黏性材料等被认为是连续介质，而不是由离散分子组成的。

连续介质理论是否适用取决于给定的情况。一方面，连续介质理论虽然能够充分描述真实材料在许多情况下的行为，但它不能产生与极小波长波传播中的实验观察一致的结果。另一方面，在某些情况下，稀薄气体可以用连续介质理论来充分描述。但无论如何，根据给定体积中的分子数量来证明连续介质理论的合理性是具有误导性的。毕竟，极限无限小体积根本不包含分子，也没有必要推断连续介质理论中出现的数量必须被解释为某些特定的统计平均值。事实上，相同的连续介质方程可以通过关于分子结构和总变量定义的不同假设得到。尽管分子统计理论确实可以增强对连续介质理论的理解，但需要指出的一点是，连续介质理论在给定情况下是否合理是一个实验测试和哲学问题。可以说，过去 200 多年的经验已经在各种情况下证明了这种理论的合理性。

因此，连续介质力学假设被研究的物质是连续的，没有离散的分子或颗粒结构，物质在空间中的每一点都有物理量（如密度、速度、应力等）分布。连续介质力学关注物质的宏观行为，忽略原子、分子层面的细节，将物质视为连续的介质，这样就可以使用数学分析工具，用连续函数描述连续介质中的物理量（如位移场、应力场、应变场等），推导出物质的本构关系。

1.1.2　连续介质力学的发展历史

连续介质力学（continuum mechanics）的思想可以追溯到 17 世纪的力学研究。达·芬奇（Leonardo da Vinci，1452—1519）和伽利略（Galileo Galilei，1564—1642）对材料的拉伸、压缩和弯曲构件行为进行了研究。然而，为了正确理解材料的力学行为，人们有必要对材料的特性建立准确的实验描述。罗伯特·胡克（Robert Hooke，1635—1703）指出物体在力的作用下会变形，提出了弹性固体的胡克定律。艾萨克·牛顿（Isaac Newton，1643—1727）发展了牛顿力学的概念，并首次提出了流体的应力应变关系，这些概念成为材料强度的关键要素。欧拉（Leonhard Euler，1707—1783）于 1744 年提出了柱的数学理论。拉格朗日（Lagrange，1736—1813）因提出描述板振动的偏微分方程而受到赞誉。托马斯·杨（Thomas Young，1773—1829）建立了弹性系数，即杨氏模量。1800 年，铁路的出现为连续介质力学领域的许多基础工作提供了动力，许多科学家和工程师（包括库仑、泊松、纳维、圣维南、基尔霍夫和柯西）都对 18 世纪和 19 世纪材料力学的进步作出了贡献。英国物理学家开尔文（Kelvin，1824—1907）首先证明了作用于板边缘的扭转力矩可以分解为剪切力。英国数学家霍夫·洛夫（Hough Love，1863—1940）引入了简单的壳分析，称为洛夫近似理论。诸多科学家在流体力学、弹性力学等方面进行的系统研究，奠定了连续介质力学的基础。

20 世纪，连续介质力学得到了广泛应用，特别是在材料科学、结构工程、航空航天等领域。1956 年，特纳、克拉夫、马丁和托普引入了有限元方法，该方法允许以经济的方式数值求解固体力学中的复杂问题。近年来，连续介质力学逐渐借助高性能计算机来求解更复杂的问题，以引入更严格的理论。

1.1.3 连续介质力学的研究内容

连续介质力学主要研究材料在不同载荷作用下的力学行为,其主要研究内容可分为两部分:所有物质共有的一般性原理以及定义理想化材料的本构方程。

1.一般性原理

一般性原理是从人类对物理世界的经验中总结出来的被认为具有普遍规律的公理,如质量守恒定律、能量守恒定律以及热力学第二定律等。在数学上,一般性原理有两种等效形式:一是积分形式,针对连续体中有限体积的材料制定;二是连续体中每个点的材料(粒子)微分体积的场方程,场方程通常是以积分形式导出的,也可以直接从微分体积的自由体受力分析过程中导出,无论是求解场中变量的自身变化还是通过变量获得所需信息,场方程都很重要。

2.定义理想化材料的本构方程

理想化材料代表了天然材料力学行为的某些方面。例如,对于许多材料,在受限条件下,由于施加载荷而引起的变形会随着载荷的移除而消失,材料行为的这一方面由弹性体的本构方程表示,该方程定义了线性弹性实体。另一个例子是黏度的经典定义,该定义假设应力状态与长度和角度的瞬时变化率成线性关系,这样的本构方程定义了线性黏性流体。然而,真实材料的力学性能不仅因材料而异,在给定材料的负载条件下也有所不同,这就产生了许多本构方程,定义了材料行为的许多不同方面。

在连续介质力学理论中,有四种理想化的材料模型被广泛研究,它们分别是各向同性和各向异性的线性弹性固体、各向同性不可压缩非线性弹性固体、线性黏性流体(包括无黏性流体)以及非牛顿不可压缩流体。

在整个连续介质力学体系下,不同的力学学科有其独有的研究对象。材料力学主要研究的是理想杆、梁、柱等在小变形下的应力和应变。弹性力学研究的是固体材料在外力作用下的弹性变形及其应力应变关系,研究对象包括线性弹性材料、非线性弹性材料、各向同性和各向异性材料等。

塑性力学研究的是材料在超过弹性极限后的永久变形及其力学行为，研究对象包括金属材料、土壤、岩石等具有塑性行为的材料。流体力学研究的是液体和气体的运动规律及其相互作用，研究对象包括不可压缩流体、可压缩流体、黏性流体、无黏流体等。黏弹性力学研究的是具有黏性和弹性双重特性的材料在外力作用下的力学行为，研究对象包括聚合物、沥青、人体组织等黏弹性材料。断裂力学研究的是材料在应力作用下的破坏过程及其裂纹扩展机制，研究对象包括金属、陶瓷、复合材料、脆性材料等。损伤力学研究的是材料在长期负荷或环境作用下的损伤演变过程及其对材料性能的影响，其研究对象包括金属材料、复合材料、生物材料等。

1.2　张量的概念

在形成物理定律时要求使用的量都必须是坐标不变量（coordinate invariant），如常见的向量就是坐标不变量。但是，向量的分量是与坐标相关的，典型的例子就是将力向量沿不同的坐标进行分解。对于求解更复杂的力学问题，人们需要将向量进一步向高维推广，从而得到张量。由于连续介质力学的所有定律都必须用与坐标无关的量来表示，因此本节对张量的概念做简要介绍。为了方便引入张量，本节先介绍以下几种运算符号。

1.2.1　求和符号

考虑下面常见的求和表达式：

$$s = a_1 x_1 + a_2 x_2 + \cdots + a_n x_n \tag{1.1}$$

式（1.1）可以写成如下的紧凑形式：

$$s = \sum_{i=1}^{n} a_i x_i \tag{1.2}$$

显然，下面的方程具有完全相同的含义：

$$s = \sum_{j=1}^{n} a_j x_j \ , \ s = \sum_{m=1}^{n} a_m x_m \ , \ s = \sum_{k=1}^{n} a_k x_k \tag{1.3}$$

式（1.2）中的求和指标 i 以及式（1.3）中的求和指标 j，m，k 称为虚拟索引（dummy index），这意味着求和表达式的结果与所使用的索引字母无关。因此，在求和表达式中，虚拟索引是可以任意选择的。为了进一步简化求和公式的写法，人们通常采用以下约定：当一个索引重复出现一次时，它就是一个虚拟索引，表示在索引遍历整数 1，2，$\cdots$，n 时的求和。这个约定被称为爱因斯坦求和约定（Einstein summation convention）。根据这个约定，求和公式可以简单地写为 $s = a_i x_i$，$s = a_j x_j$，$s = a_m x_m$，$s = a_k x_k$ 等形式。

需要注意的是，当使用求和约定时，索引的重复次数不应超过一次。因此，形如

$$\sum_{i=1}^{n} a_i b_i x_i \tag{1.4}$$

的表达式必须保留求和符号才有意义。

根据爱因斯坦求和约定可得如下表达式：

$$a_i x_i = a_1 x_1 + a_2 x_2 + a_3 x_3 + \cdots + a_n x_n \ , \ a_{ii} = a_{11} + a_{22} + a_{33} + \cdots + a_{nn} \tag{1.5}$$

显然，求和约定也可以用来表示双倍和、三倍和等。例如，我们可以将

$$T = \sum_{i=1}^{3} \sum_{j=1}^{3} a_{ij} x_i x_j \tag{1.6}$$

写成如下等价形式：

$$T = a_{ij} x_i x_j \tag{1.7}$$

展开式（1.7），得到如下 9 项的求和表达式：

$$T = a_{ij} x_i x_j = a_{11} x_1 x_1 + a_{12} x_1 x_2 + a_{13} x_1 x_3 + a_{21} x_2 x_1 + a_{22} x_2 x_2 + a_{23} x_2 x_3 \\ + a_{31} x_3 x_1 + a_{32} x_3 x_2 + a_{33} x_3 x_3 \tag{1.8}$$

类似地，三个指标符号求和表达式可以表示 27 项的三重和，即

$$\sum_{i=1}^{3}\sum_{j=1}^{3}\sum_{k=1}^{3} a_{ijk} x_i x_j x_k = a_{ijk} x_i x_j x_k \qquad (1.9)$$

考虑下面的三个求和表达式：

$$\begin{cases} x_1' = a_{11}x_1 + a_{12}x_2 + a_{13}x_3 \\ x_2' = a_{21}x_1 + a_{22}x_2 + a_{23}x_3 \\ x_3' = a_{31}x_1 + a_{32}x_2 + a_{33}x_3 \end{cases} \qquad (1.10)$$

使用求和约定，式（1.10）可以写成如下形式：

$$\begin{cases} x_1' = a_{1m}x_m \\ x_2' = a_{2m}x_m \\ x_3' = a_{3m}x_m \end{cases} \qquad (1.11)$$

式（1.11）的三个表达式可以进一步简写成如下形式：

$$x_i' = a_{im}x_m, \ i = 1,\ 2,\ 3 \qquad (1.12)$$

在方程的每一项中只出现一次的索引称为自由索引（free index）。除非另有说明，默认自由索引采用整数1、2或3。

1.2.2 克罗内克 δ 符号

为了方便写出理想化材料的本构方程，人们引入克罗内克δ符号（Kronecker delta symbol）。它的定义如下：

$$\delta_{ij} = \begin{cases} 1, \ i = j \\ 0, i \neq j \end{cases} \qquad (1.13)$$

联合求和约定和克罗内克δ符号的定义，有

$$\delta_{11} = \delta_{22} = \delta_{33} = 1\ ,\ \delta_{12} = \delta_{13} = \delta_{21} = \delta_{23} = \delta_{31} = \delta_{32} = 0 \qquad (1.14)$$

克罗内克δ符号具有以下性质：

$$\delta_{ii} = \delta_{11} + \delta_{22} + \delta_{33} = 1 + 1 + 1 = 3 \qquad (1.15)$$

当

7

$$\begin{cases} \delta_{1m}a_m = \delta_{11}a_1 + \delta_{12}a_2 + \delta_{13}a_3 = \delta_{11}a_1 = a_1 \\ \delta_{2m}a_m = \delta_{21}a_1 + \delta_{22}a_2 + \delta_{23}a_3 = \delta_{22}a_2 = a_2 \\ \delta_{3m}a_m = \delta_{31}a_1 + \delta_{32}a_2 + \delta_{33}a_3 = \delta_{33}a_3 = a_3 \end{cases} \quad (1.16)$$

时，式（1.16）等价于下面的求和表达式：

$$\delta_{im}a_m = a_i \quad (1.17)$$

此结论可进一步推广到两个下标的情形，即

$$\begin{cases} \delta_{1m}T_{mj} = \delta_{11}T_{1j} + \delta_{12}T_{2j} + \delta_{13}T_{3j} = T_{1j} \\ \delta_{2m}T_{mj} = \delta_{21}T_{1j} + \delta_{22}T_{2j} + \delta_{23}T_{3j} = T_{2j} \\ \delta_{3m}T_{mj} = \delta_{31}T_{1j} + \delta_{32}T_{2j} + \delta_{33}T_{3j} = T_{3j} \end{cases} \quad (1.18)$$

显然，式（1.18）可以写成

$$\delta_{im}T_{mj} = T_{ij} \quad (1.19)$$

特别地，有

$$\delta_{im}\delta_{mj} = \delta_{ij} \ , \ \delta_{im}\delta_{mn}\delta_{nj} = \delta_{ij} \quad (1.20)$$

在笛卡儿坐标系下，如果 e_1, e_2, e_3 分别表示相互垂直的单位向量，则有

$$e_i \cdot e_j = \delta_{ij} \quad (1.21)$$

1.2.3　勒维－契维塔符号

从 1.2.2 可以看出，克罗内克 δ 符号为向量的数量积运算提供了书写便利。类似地，为了方便表达向量的矢量积，人们引入了勒维－契维塔符号（Levi-Civita symbol），其定义如下：

$$\xi_{ijk} = \begin{cases} 1, & i, j, k\text{形成偶排列} \\ -1, & i, j, k\text{形成奇排列} \\ 0, & i, j, k\text{形成真重复排列} \end{cases} \quad (1.22)$$

即

$$\xi_{123} = \xi_{231} = \xi_{312} = 1$$
$$\xi_{213} = \xi_{321} = \xi_{132} = -1 \qquad (1.23)$$
$$\xi_{111} = \xi_{112} = \xi_{222} = \xi_{222} = \cdots = 0$$

类似地，在笛卡儿坐标系下，如果 e_1, e_2, e_3 分别表示三个相互垂直的单位向量，则有

$$e_1 \times e_2 = e_3, e_2 \times e_1 = -e_3, e_2 \times e_3 = e_1, e_3 \times e_2 = -e_1 \cdots \qquad (1.24)$$

式（1.24）可以简写成以下形式：

$$e_i \times e_j = \xi_{ijk} e_k = \xi_{jki} e_k = \xi_{kij} e_k \qquad (1.25)$$

利用式（1.25），两个向量的矢量积可以表达为

$$a \times b = (a_i e_i) \times (b_j e_j) = a_i b_j (e_i \times e_j) = a_i b_j \xi_{ijk} e_k \qquad (1.26)$$

由此可见，通过引入符号，向量的运算表达式可以写得非常简练。

1.2.4　张量

张量（tensor）是数学和物理学中描述物体的性质及其在空间中变化的一个重要概念。简单来说，张量是扩展了标量（无方向的数）和向量（有大小和方向的量）概念的一种数学对象。张量具有任意的秩或阶（也称为阶数），决定了张量的分量结构以及张量如何与其他物理量交互。

张量在数学和物理学中得到了广泛应用，它是标量或向量的推广，能够表示更复杂的性质。从数学的角度来看，张量计算已经发展了许多理论，显然比标量或向量的计算更加复杂。此外，张量可以表示向量空间的度量，这在微分几何领域非常有用。在物理学中，张量被用来描述许多物理量，如材料的应变或应力。在固体力学中，张量被用来定义广义胡克定律，其中一个四阶张量将应变张量与应力张量联系起来。在流体动力学中，速度梯度张量提供了有关流体的旋转度和应变的信息。此外，物理学中还定义了电磁张量，它简化了麦克斯韦方程组的表示。张量的应用不局限于物理学和数学。例如，在医学成像中，张量被应用于两个重要领域：一是扩散张量成像，它能表示分子在组织内部的扩散方式，广泛用于脑成像；

二是弹性张量成像，它能通过计算应变和旋度张量来分析组织的特性。张量还被用于计算机视觉中，用于提供有关局部结构的信息或定义各向异性图像滤波器。例如，谷歌（Google）公司开发的深度学习框架被命名为TensorFlow，名称中的 tensor 指的就是张量。

张量的定义具有多种形式。本书从线性变换的角度介绍张量及其在黏弹性固体力学行为中的应用。

假设 T 表示一种变换，可以将任意的向量变换成另一个向量。若 T 具有以下属性：

$$T(a+b) = Ta + Tb \qquad (1.27)$$

$$T(\alpha a) = \alpha T(a) \qquad (1.28)$$

式中，a 和 b 为任意的向量；α 为任意的标量；T 为线性变换，也可称为二阶张量，简称张量。显然，式（1.27）和式（1.28）可以合并成一个表达式

$$T(\alpha a + \beta b) = \alpha Ta + \beta Tb \qquad (1.29)$$

式中，a 和 b 为任意的向量；α 和 β 为任意的标量。

如前所述，物理定律使用的所有量都是坐标不变量。因此，引入张量的一个最主要的优点是以张量形式写出的物理定律是与坐标无关的。但需要注意的是，尽管张量独立于坐标系，但是张量的分量是与选择的坐标系相关的。

1.3 主应力

主应力（principal stress）是力学中的一个重要概念，用于描述材料在某一点上所受的应力状态。在特定的点上，通过适当的坐标轴变换后，材料内的应力状态可以简化为仅存在三个互相垂直的应力分量，所有其他的切应力分量均为零，这三个应力分量称为主应力，通常按照从大到小的顺序记为 σ_1，σ_2 和 σ_3。

主应力用于预测材料在各种载荷下的强度和稳定性。通过计算主应力，

人们可以判断材料是否会发生屈服或破坏。在结构设计时，设计人员可通过分析主应力来确保结构在实际使用中的安全性。此外，主应力对疲劳分析也非常重要，因为材料在疲劳加载下的破坏往往与主应力的变化有关。

在主平面上，切应力均为零，因此，主平面只受到主应力的作用。作用力可以表示为

$$t_n = \sigma n \tag{1.30}$$

另外，根据柯西（Cauchy）公式，由某一点的应力张量可以求法向量为 n 的任意平面的应力矢量，即

$$t_n = nT \tag{1.31}$$

因此，在主平面上，可以得到以下关系：

$$t_n = nT = \sigma n \tag{1.32}$$

重新整理方程后得到

$$n(T - \sigma I) = 0 \tag{1.33}$$

若已知某一点的应力张量 T 为

$$T = \begin{bmatrix} \tau_{11} & \tau_{12} & \tau_{13} \\ \tau_{21} & \tau_{22} & \tau_{23} \\ \tau_{31} & \tau_{32} & \tau_{33} \end{bmatrix} \tag{1.34}$$

则可以根据矩阵特征值求得主应力。在式（1.33）中，因为 $n \neq 0$，所以该方程有非零解，由克莱姆（Cramer）法则可知，线性方程的系数行列式必须等于零，即

$$\det(T - \sigma I) = \begin{bmatrix} \tau_{11} - \sigma & \tau_{12} & \tau_{13} \\ \tau_{21} & \tau_{22} - \sigma & \tau_{23} \\ \tau_{31} & \tau_{32} & \tau_{33} - \sigma \end{bmatrix} \tag{1.35}$$

化简得到

$$\sigma^3 - \mathrm{I}_T \sigma^2 + \mathrm{II}_T \sigma - \mathrm{III}_T = 0 \tag{1.36}$$

式中，

$$\mathrm{I}_T = \mathrm{tr}\boldsymbol{T} = \tau_{11} + \tau_{22} + \tau_{33} = \sigma_1 + \sigma_2 + \sigma_3 \quad (1.37)$$

$$\mathrm{II}_T = \frac{1}{2}(\boldsymbol{I}_T^2 - \mathrm{tr}\boldsymbol{T}^2) = \sigma_1\sigma_2 + \sigma_1\sigma_3 + \sigma_2\sigma_3 \quad (1.38)$$

$$\mathrm{III}_T = \det\boldsymbol{T} = \sigma_1\sigma_2\sigma_3 \quad (1.39)$$

I_T 为张量 $\boldsymbol{T}$ 的第一不变量，II_T 为 $\boldsymbol{T}$ 的第二不变量，III_T 为 $\boldsymbol{T}$ 的第三不变量。它们之所以叫作不变量，是因为它们的值与坐标变换无关。

求解式（1.35），可以得到应力张量 $\boldsymbol{T}$ 的主应力状态：

$$\boldsymbol{T}' = \begin{bmatrix} \sigma_1 & 0 & 0 \\ 0 & \sigma_2 & 0 \\ 0 & 0 & \sigma_3 \end{bmatrix} \quad (1.40)$$

同样可以求得最大切应力的表达式为

$$\tau_{\max} = \max\left(\frac{\sigma_1 - \sigma_2}{2}, \frac{\sigma_3 - \sigma_1}{2}, \frac{\sigma_2 - \sigma_3}{2}\right) \quad (1.41)$$

1.4　热力学与应变能

在热力学分析过程中，有一些属性是可以直接测量的，如压力、温度、体积和质量；其他一些属性（如密度和比体积）能够通过一些与直接测量属性相关联的简单关系计算得到。但是，还有一些属性，如内能、焓（enthalpy）和熵（entropy），它们既无法直接测量，又不能通过简单的关系与容易测量的属性建立联系。因此，建立这些无法直接测量的属性与容易测量的属性之间的基本关系就变得非常有必要了。

1.4.1　热力学关系

根据热力学中的状态假设，简单可压缩物质的状态可以通过两个独立的密集属性（intensive properties）完全确定，即一个属性可由另外两个独

立的属性表达，即

$$z = f(x, y) \tag{1.42}$$

当自变量 x 和 y 发生微小变化 dx，dy 时，因变量 z 的变化为

$$dz = \left(\frac{\partial z}{\partial x}\right)_y dx + \left(\frac{\partial z}{\partial y}\right)_x dy \tag{1.43}$$

式（1.43）可以写成下面的通用形式：

$$dz = Mdx + Ndy \tag{1.44}$$

式中，$M = \left(\frac{\partial z}{\partial x}\right)_y$，$N = \left(\frac{\partial z}{\partial y}\right)_x$。若 $\frac{\partial M}{\partial y} = \frac{\partial N}{\partial x}$，则微分形式是完全的。

热力学第二定律阐述了宇宙中的熵在自发过程中增加，在平衡过程中保持不变。根据熵的性质，对于自发过程，有

$$\Delta S_{univ} = \Delta S_{sys} + \Delta S_{surr} > 0 \tag{1.45}$$

对于平衡过程，有

$$\Delta S_{univ} = \Delta S_{sys} + \Delta S_{surr} = 0 \tag{1.46}$$

热力学第三定律表述为理想的晶体物质的熵在绝对零度时为零。根据玻尔兹曼（Boltzmann）微观状态，热力学第三定律可以表述成如下形式：

$$S = k_B \ln W \tag{1.47}$$

式中，k_B 为玻尔兹曼常数（1.38×10^{-23} J/K）；W 为微观状态数。温度升高，分子热运动加剧，从而产生更多的微观状态，系统的熵增加。

根据热力学第一定律：

$$dU = \Delta Q - \Delta W \tag{1.48}$$

结合熵的定义：

$$\Delta Q = TdS \tag{1.49}$$

对于等压过程，有

$$dH = \Delta Q，\quad dS = \frac{\Delta Q}{T} = \frac{dH}{T} \tag{1.50}$$

从式（1.50）可以看出，系统熵的变化是与自身的温度相关的。如果系统温度很高，分子本身会具有很高的能量，当一部分热从外部传入系统时，这部分热所引起系统分子运动的效果非常小，因此系统熵的变化很小。如果系统温度比较低，那么传入的热量对系统分子的能量会有很大的影响，从而使系统熵明显增大。

1.4.2　Gibbs 自由能

当系统对环境传输热量时，熵的变化可以表述为

$$\Delta S_{surr} = -\frac{\Delta H}{T} \qquad (1.51)$$

当焓为负值时，系统传输热量给环境，环境熵增加。根据热力学第二定律，对于自发过程，将式（1.45）代入式（1.51）得

$$\Delta S_{univ} = \Delta S_{sys} - \frac{\Delta H}{T} > 0 \qquad (1.52)$$

进一步化简，并重新排列方程，得到如下关系式：

$$-T\Delta S_{univ} = \Delta H - T\Delta S_{sys} < 0 \qquad (1.53)$$

式（1.53）说明，如果一个过程在等压和等温条件下，使 $\Delta H - T\Delta S_{sys} < 0$，那么这个过程一定是自发过程。

为了更加直观地表达一个反应的自发性，我们引入另外一个热力学函数，即吉布斯自由能（Gibbs free energy）或者简单称为自由能（free energy）：

$$G = H - TS \qquad (1.54)$$

对于常温过程，系统自由能的变化可以表述为

$$\Delta G = \Delta H - T\Delta S \qquad (1.55)$$

在这样的背景下，自由能是可用来做功的能量。自发过程的判断取决于过程中焓和熵的变化。若 ΔH 为负（放热过程），ΔS 为正，则 ΔG 为负，过程为自发过程。

对于简单压缩过程，唯一的功是边界功，即

$$\Delta W = P\mathrm{d}V \tag{1.56}$$

由此可得 Gibbs 方程为

$$\mathrm{d}U = T\mathrm{d}S - P\mathrm{d}V \tag{1.57}$$

根据

$$H = U + PV \tag{1.58}$$

微分得到

$$\mathrm{d}H = \mathrm{d}U + P\mathrm{d}V + V\mathrm{d}P \tag{1.59}$$

将式（1.57）代入式（1.59），可以得到

$$\mathrm{d}H = T\mathrm{d}S + V\mathrm{d}P \tag{1.60}$$

转换成比内能和比焓的形式为

$$\mathrm{d}u = T\mathrm{d}s - p\mathrm{d}v \tag{1.61}$$

$$\mathrm{d}h = T\mathrm{d}s + v\mathrm{d}p \tag{1.62}$$

定义亥姆霍兹（Helmholtz）自由能函数为

$$a = u - Ts \ \text{或者}\ A = U - TS \tag{1.63}$$

Gibbs 自由能函数为

$$g = h - Ts \ \text{或者}\ G = H - TS \tag{1.64}$$

式（1.63）和式（1.64）这两个方程建立了系统熵变化与其他属性之间的关系，是热力学中非常重要的函数。分别对式（1.63）和式（1.64）微分可以得到

$$\mathrm{d}a = \mathrm{d}u - T\mathrm{d}s - s\mathrm{d}T \tag{1.65}$$

$$\mathrm{d}g = \mathrm{d}h - T\mathrm{d}s - s\mathrm{d}T \tag{1.66}$$

化简得到

$$\mathrm{d}a = -s\mathrm{d}T - p\mathrm{d}v \tag{1.67}$$

$$\mathrm{d}g = -s\mathrm{d}T + v\mathrm{d}p \tag{1.68}$$

式（1.65）、式（1.66）、式（1.67）和式（1.68）是热力学中四个最基本的属性关系，它们可以表述为

$$u = u(s,v) \tag{1.69}$$

$$h = h(s,p) \tag{1.70}$$

$$a = a(T,v) \tag{1.71}$$

$$g = g(T,p) \tag{1.72}$$

则函数 u 的微分形式为

$$\mathrm{d}u = \left(\frac{\partial u}{\partial s}\right)_v \mathrm{d}s + \left(\frac{\partial u}{\partial v}\right)_s \mathrm{d}v \tag{1.73}$$

联立式（1.61），可以得到

$$\left(\frac{\partial u}{\partial s}\right)_v = T, \quad \left(\frac{\partial u}{\partial v}\right)_s = -p \tag{1.74}$$

按照同样的方法，由式（1.70）可以得到

$$\left(\frac{\partial h}{\partial s}\right)_p = T, \quad \left(\frac{\partial h}{\partial p}\right)_s = v \tag{1.75}$$

由式（1.71）可以得到

$$\left(\frac{\partial a}{\partial T}\right)_v = -s, \quad \left(\frac{\partial a}{\partial v}\right)_T = -p \tag{1.76}$$

由式（1.72）可以得到

$$\left(\frac{\partial g}{\partial T}\right)_p = -s, \quad \left(\frac{\partial g}{\partial p}\right)_T = v \tag{1.77}$$

根据前面描述的微分的完全形式，它们的混合偏导数相等，最后可以得到热力学中的麦克斯韦（Maxwell）关系式：

$$\left(\frac{\partial T}{\partial v}\right)_s = -\left(\frac{\partial P}{\partial s}\right)_v \tag{1.78a}$$

$$\left(\frac{\partial T}{\partial P}\right)_s = \left(\frac{\partial v}{\partial s}\right)_P \tag{1.78b}$$

$$\left(\frac{\partial s}{\partial v}\right)_T = \left(\frac{\partial P}{\partial T}\right)_v \qquad (1.78\text{c})$$

$$\left(\frac{\partial s}{\partial P}\right)_T = -\left(\frac{\partial v}{\partial T}\right)_P \qquad (1.78\text{d})$$

上述热力学关系在推导橡胶本构方程的过程中发挥着重要的作用。因为这些关系式在橡胶的弹性研究中提供了一条直接用实验测定的方法，以求形变时所发生的内能和熵的变化的途径。

1.4.3 应变能

应变能（strain energy）是材料在受到外力作用下，通过变形所储存的能量。应变能是描述材料弹性变形能力的一个重要量度，也是分析材料和结构在力学行为中性能的基础。理想的弹性过程不会发生能量耗散，所有存储的能量可以在卸载时恢复。

应变能作为力学中的重要概念，贯穿了材料力学、结构力学、工程设计等多个领域的发展历程，其研究和应用不仅推动了力学理论的发展，还对实际工程和设计实践产生了深远的影响。通过对应变能的深入理解，人们可以更好地分析和预测材料和结构在各种条件下的行为，提高工程设计的安全性和可靠性。

在橡胶的大变形理论研究中，许多研究者从应变能的角度推导出表示橡胶材料的大变形本构方程。其基本思想是，对于理想的弹性固体，当处于平衡状态时，应力张量 $\boldsymbol{T}$ 仅仅是材料由于变形引起内能与参考状态改变的函数，即

$$\boldsymbol{T} = \rho \frac{\partial U}{\partial \boldsymbol{B}} \qquad (1.79)$$

式中，ρ 为标量常数；U 为材料的内能改变；$\boldsymbol{B}$ 为芬格（Finger）应变张量。通常，应变能函数被定义为

$$W = \rho_0 U \qquad (1.80)$$

对于不可压缩各向同性材料，式（1.79）可以写成

$$T = -pI + 2\frac{\partial W}{\partial \mathrm{I}_B}B - 2\frac{\partial W}{\partial \mathrm{II}_B}B^{-1}$$ （1.81）

式中，材料函数是应变能函数关于芬格应变张量 B 的不变量的导数。应变能函数可以从材料的分子理论角度推导出来，它与分子统计理论关系密切。

1940 年，穆尼（M.Mooney）在没有考虑到材料的微观结构的情况下，仅仅假设材料是各向同性的，并且拉伸（或压缩）后在与拉伸垂直的平面内仍然保持各向同性，在任何各向同性平面内的简单剪切中，拉力（剪切应力）与剪切成正比（胡克定律），材料在变形时没有体积变化。由此推导出表示大弹性变形的应变能函数，即

$$W = \frac{G}{4}\sum_{i=1}^{3}\left(\lambda_i - \frac{I}{\lambda_i}\right)^2 + \frac{H}{4}\sum_{i=1}^{3}\left(\lambda_i^2 - \frac{I}{\lambda_i^2}\right)$$ （1.82）

式中，λ_i 为主应变方向上的伸长量；G 为材料的弹性模量；H 为材料常数。

基于弹性动力学理论，沃尔（Frederick T.Wall）提出了一种统计方法，用于处理由长链分子组成的三维网络的弹性问题，并由此推导出橡胶材料的应力 - 应变关系，即伸长量、单向压缩和剪切的关系。根据 Wall 提出的方法，人们可以推导出通用情况下的变形功或应变能的表达式，并由此得出主应力和应变之间的一些重要关系。

Wall 在将分子理论应用于推导应变能函数时，作出了以下假设：第一，网络中的 N 个分子都具有相同的链长；第二，分子在未变形状态下的长度分布（末端到末端的距离）符合库恩（Kuhn）的统计公式；第三，在变形过程中，单个分子的长度分量按照与整体橡胶对应的尺寸相同的比例发生变化；第四，变形过程中体积不发生变化。最终，得到如下描述橡胶变形的本构方程：

$$W = \frac{\rho RT}{2M}(\lambda_1^2 + \lambda_2^2 + \lambda_3^2 - 3)$$ （1.83）

式中，ρ 为密度；M 为分子质量；λ_1，λ_2 和 λ_3 分别为三个主应变方向上的伸长量。

从分子理论推导出的式（1.83）是式（1.82）的一个特例，当 $G=H=Nk_BT$ 时，由式（1.82）可以推导出式（1.83）。然而，Mooney 的理论中有两个常数 G 和 H 需要通过材料的特定性质来确定，而分子理论只涉及一个独立的常数，可用于描述橡胶的总体弹性行为。

1.5　流变学基础

流变学（rheology）是研究变形和流动的科学，是物理学和物理化学的一个分支。"流变学"一词是由拉斐特学院（Lafayette College）教授宾汉（Eugene C. Bingham）于 1920 年根据同事莱纳（Markus Reiner）的建议创造的。"流变学"一词的灵感来自赫拉克利特的格言"一切都在流动"，最初用于描述液体的流动和固体的变形。因此，流变学实际上就是流动科学。流变实验不仅能揭示有关液体流动行为的信息，还能揭示有关固体变形行为的信息，适用于具有复杂微观结构的物质，如泥浆、污泥、悬浮液、聚合物和其他玻璃形成剂（如硅酸盐）、食品和添加剂、体液（如血液）和其他生物材料等。

1678 年，胡克通过实验发现，当悬挂在弹簧上的重量加倍时，弹簧的伸长量也会加倍。因此，胡克提出，任何弹簧的受力与其长度的变化成正比。这一理论构成了经典（无穷小应变）弹性理论的基本前提。胡克定律是描述理想弹性固体的本构方程。然而，对同一种材料而言，最原始形式的胡克定律中的比例常数并不是唯一的。如果使用不同长度的线或相同材料的不同直径进行同样的实验，就会得到一个新的比例常数。因此，胡克定律中的常数不仅是一种材料特性，还与样品的特定几何形状有关。

1687 年，牛顿在《自然哲学的数学原理》一书中提出了，黏性流体行为的基本思想——简单剪切流动的假设"流体的阻力与流体各部分彼此分离的速度成正比"，即

$$\tau_{xy} = \eta \frac{\mathrm{d}v_x}{\mathrm{d}y} \qquad (1.84)$$

式中，η 为液体的黏度；$\dfrac{\mathrm{d}v_x}{\mathrm{d}y}$ 为速度的梯度；τ_{xy} 为切应力。牛顿黏性定律是描述理想黏性流体的本构方程。

尽管牛顿在 1687 年就提出了他的想法，但直到 19 世纪，纳维和斯托克斯才独立地给出了牛顿黏性液体的三维数学形式，即纳维-斯托克斯方程（Navier-Stokes equations）。1856 年，泊肃叶（Poiseuille）通过分析毛细管的流动数据，从实验角度证明了牛顿黏性关系。另外，库爱特（Couette）使用同心圆轴装置进行了测试，发现从毛细管流动实验中获得的黏度与牛顿关系一致，进一步验证了黏性定律。

从两个本构方程出现后的一个多世纪以来，大量的实验证明了这两个定律的合理性。然而，随着科学技术的进步，一些新材料展现出不同于理想弹性固体和理想黏性流体的力学行为。1835 年，韦伯对丝线进行了实验，发现丝线并不具有完美的弹性。他发现，纵向载荷会使丝线立即产生延伸，随后随着时间的推移，丝线被进一步拉长；去除载荷后，丝线立即发生收缩，然后长度逐渐减小，直到达到原始长度。这种类似固体的材料，其行为不能仅用胡克定律来描述，其变形模式中存在流动元素，这些元素显然更多地与类液体响应相关。之后，一些研究人员发现，胶体悬浮液和高分子溶液并不服从牛顿黏性定律，几乎所有这些材料的黏度都随速度梯度的增加而减少，这种现象称为剪切变稀（shear thinning）。另外，一些浓悬浮液还会展现出剪切增稠（shear thickening）的行为。因此，人们将不服从牛顿黏性定律的物质称为非牛顿流体（non-Newtonian fluids）。正是这些材料展现出的不同寻常的流动行为，使 Bingham 创造了流变学一词。

20 世纪初，一些研究者测量了如沥青和熔融玻璃等液体的黏度。这些材料非常黏稠，能够像受拉固体一样进行测试，并且几乎不会因重力而下垂。研究者发现，应力和速度梯度之间的比例是恒定的，但比在剪切实验中测量的值大 3 倍。当这个结果写成三维形式时，它与牛顿黏度定律非常一致。然而，在 20 世纪 60 年代，探索更高速度梯度和其他材料的工作者发现，尽管剪切黏度下降，但拉伸中的黏度会随着速率的增加而增加。以聚苯乙烯熔体为例，在低速率下，拉伸黏度与剪切黏度之比为 3 ∶ 1，但随着变形速率的增加，这个比例会变得更大。这种弹性固体的剪切和拉伸之间的差异是聚合物液体的典型特征。

可以用流变学的方式描述的各种剪切行为都可以被视为介于两个极端之间：一个是理想黏性液体的流动，另一个是理想弹性固体的变形。然而，这些经典的极端情况总是被视为超出了流变学的范围。例如，基于纳维-斯托克斯方程的牛顿流体力学不能被视为流变学的一个分支，经典弹性理论也不能。因此，流变学的主要研究对象是介于理想弹性固体和理想黏性流体两个经典极端之间的材料，如高分子溶液和硫化橡胶等。

自从胡克在 1678 年提出弹性固体中的力与其伸长量成正比，过了大约 150 年，人们才提出确定力或应力的三维状态的正确方法。19 世纪 20 年代，柯西完成了胡克定律的三维表述。然而，由于当时使用的材料主要是金属和陶瓷，这些材料在小变形下会断裂或屈服，因此当时使用的是小应变张量。

第二次世界大战期间，橡胶被广泛用作工程材料，橡胶的弹性变形可以高达 7 倍，因此人们迫切需要表达大变形的胡克定律。使用 Finger 变形张量可以很容易地得出结果：如果任何点的应力与变形成线性比例，并且材料是各向同性的（在所有方向上具有相同的比例系数），那么额外应力变形量应由变形量的常数倍来确定，即

$$\tau = GB \tag{1.85}$$

或

$$T = -pI + GB \tag{1.86}$$

式中，G 为剪切弹性模量，它可以是变形的函数，但在最简单的情况下，假设它是恒定的；B 为 Finger 变形张量。

里夫林（Rivlin）在 1948 年首先提出了方程（1.86），这个方程也被称为新胡克模型（Neo-Hookean 模型）或胡克本构方程。

注意：当没有发生变形时，$B=I$，式（1.85）变为 $\tau=GI$。对于不可压缩材料，大气压力可以取任意的值。当 $p=G$ 时，总应力 T 等于零，对应静止状态。

Neo-Hookean 模型与真实橡胶样品的拉伸数据具有良好但不完美的拟合，拉伸应力在高延伸时会偏离模型。之后，Rivlin 提出了 Mooney-Rivlin 本构方程，该模型比 Neo-Hookean 模型能更好地描述橡胶拉伸数据，经常用于工程计算。

牛顿流体本构方程是用于表示黏性液体的最简单的方程，是所有流体力学的基础。一般来说，牛顿本构方程准确地描述了低分子量液体甚至高聚合物在非常慢的变形速率下的流变行为。然而，如前所述，黏度对聚合物液体、乳液和浓缩悬浮液的变形速率有很强的函数作用。

在过去的研究中，人们已经提出了大量依赖于变形速率的本构方程，但它们都是从一般黏性流体逻辑上产生的。一般黏性模型的推导过程与一般弹性固体的推导过程非常相似。

1.6　黏弹性简介

在连续介质力学中，主要研究对象是理想的材料，如各向同性理想弹性固体、线性理想黏性流体等。理想弹性固体在受到外力作用后，会瞬间发生形变；当外力移除后，形变会立即恢复，其变形与时间无关，不具有记忆特性。理想弹性固体的本构方程是由胡克定律描述的。理想黏性流体在受到外力作用后，其形变会随时间线性发展；当外力移除后，形变停止，且不能恢复到初始状态。理想黏性流体的本构方程由牛顿黏性定律描述。随着材料科学技术的发展，越来越多的新材料展现出独特的力学行为，特别是高分子材料，其力学特征与时间有关，介于理想弹性固体和理想黏性液体之间。高分子材料的这种力学行为被称为黏弹性（viscoelasticity），高分子材料也被称为黏弹性材料。

物质的结构决定了其属性。聚合物展现的黏弹性行为是由分子链造成的。聚合物分子链既有近程结构，也有远程结构。近程结构主要包括结构单元的化学组成与结构、连接方式、结构异构和立体异构 4 个方面；远程结构主要包括相对分子质量大小及其分布的宽窄、不同结构单元的序列结构和末端基团等。近程结构和远程结构是对聚合物分子链形态、凝聚态结构以及材料物理力学性能产生影响的重要因素。分子链构象（conformation）是指分子链内非化学键连接的邻近原子或原子团之间空间相对位置的状态描述。分子链构型（configuration）是指通过化学键连接的邻近原子或原子团之间空间相对位置的描述。两者的最大区别在于，构象具有不稳定和多样性，构型则具有稳定和数量有限的特点。

麦克斯韦线最早提出了黏弹性的概念，建议用如下方程来描述材料的黏弹性行为

$$\frac{\mathrm{d}\sigma}{\mathrm{d}t} = E\frac{\mathrm{d}\varepsilon}{\mathrm{d}t} - \frac{\sigma}{\lambda} \tag{1.87}$$

式中，σ 为一维应力；ε 为一维应变；E 为弹性模量；λ 为时间常数。当材料的松弛时间为零时，式（1.87）可以简化为牛顿黏性定律。当松弛时间为无穷大时，式（1.87）可以化简为胡克定律。之后，迈耶（Meyer）引入了另一个方程：

$$\sigma = G\gamma + \eta\frac{\mathrm{d}\gamma}{\mathrm{d}t} \tag{1.88}$$

迈耶方程把弹性固体和黏性流体的力学行为结合在一个方程里。式（1.88）称为开尔文－迈耶－沃伊特（Kelvin-Meyer-Voigt）模型。玻尔兹曼认为，麦克斯韦和迈耶提出的黏弹性模型缺乏通用性，他提出当前时刻的应力不仅取决于当前应变，还取决于过去的应变，更久远时间的应变对应力的贡献小于最近时间的应变。这就是记忆衰退（fading memory）的概念。

1.7 本书主要内容

本书采用流变实验的方法分别研究了印刷油墨和弹道明胶的老化及力学行为。本书针对一种商用印刷油墨的老化与剪切年轻化、触变性、屈服应力和黏弹性行为进行了系统的实验研究。关于弹道明胶，本书对老化初级阶段的模量演化建立了工程实用的物理模型，对小变形下的蠕变建立了

线性黏弹性模型，探索了低应变速率下的大变形的本构关系以及破裂的特征规律。本书的主要内容如下。

第1章为绪论。

第2章简要介绍了印刷油墨的发展历史、研究现状等。

第3章介绍了印刷油墨的触变性、老化、剪切年轻化、屈服应力以及黏弹性行为。油墨的流变行为与受力历史相关。本书通过施加大的剪切作用，消除了受力历史的影响，建立了一个标准的测试状态；之后在黏度模式下研究了油墨的触变性和屈服应力，在蠕变模式下研究了油墨的老化和年轻化行为，引入了无量纲指数 μ，通过时间尺度的变化，不同老化时间下的柔量曲线能够叠加成一条主曲线；最后，本书在振荡模式下验证了印刷油墨的 sol-gel 转换。

第4章简要介绍了明胶的结构与属性、制备工艺及其应用。

第5章阐述了弹道明胶老化初级阶段的模型。在恒温条件下，弹道明胶的结构远离热力学平衡态，其物理性质随时间发生的演化可达数月之久。本书用振荡模式研究了弹道明胶在冷却和等温下的老化行为，确定了弹道明胶老化的起点，建立了一个弹性模量与温度的线性关系。根据二级反应动力学模型，本书引入了一个反映明胶老化行为的速率常数，构建了一个预测弹道明胶在老化初级阶段的弹性模量演化的模型，对弹性模量和老化时间进行归一化处理，可将不同温度下的老化曲线叠加成一条主曲线。最后，在蠕变模式下，本书研究了剪切作用对弹道明胶老化过程的影响。

第6章应用蠕变和应力松弛模式研究了弹道明胶在中等时间尺度下的线性黏弹性行为。低剪切速率下的连续加载—卸载实验显示，在常规感知的时间尺度下（约 1 min），弹道明胶接近完全弹性体，其线性区应变范围为 0 ~ 0.25。对于蠕变实验对应的中等时间尺度（>1 h），本书选择样品老化 24 h 作为实验起点，这样明胶结构缓慢老化带来的影响可以忽略，从而构建恒定参数的本构方程来描述弹道明胶的线性黏弹性行为。本书对一组蠕变实验结果进行了分析，确定了 Burgers 模型的 4 个黏弹性参数，然后使用该组参数的模型预测另外两组蠕变实验以及应力松弛实验。结果表明，

Burgers 模型能较好地反映弹道明胶在中等时间尺度下的线性黏弹性行为。

第 7 章详细讨论了弹道明胶在低剪切速率下的大变形本构关系和破裂行为。本书在旋转流变仪和万能材料试验机上分别对弹道明胶进行了简单剪切实验和单轴压缩实验，获得了明胶在大变形状态下的应力—应变曲线。本书通过对常用的大变形本构关系进行比较分析，采用 BST 模型和弹性流变（ER）模型来表示弹道明胶的大变形。本书对简单剪切实验数据进行了拟合，用所获得的模型参数去预测单轴压缩实验数据，结果表明 BST 模型和 ER 模型具有较好的通用性。通过改变施加的应力，本书分析了弹道明胶破裂时的最大剪切应力，发现 Mohr-Coulomb 定律可以描述弹道明胶的破裂临界点。

本书对印刷油墨建立了一套系统测量关键流变参数的实验方法。在弹道明胶的研究中，本书借鉴了分子链的二级反应动力学模型，引入了一个反映老化整体速率的常数，构建了适合描述弹道明胶在老化初级阶段的弹性模量演化的物理模型，该模型具有工程实用性，能为弹道明胶在实验时的靶标性质提供实用可靠的预测依据。本书建立了应变能密度（剪切过程所做功）与老化速率常数之间的关系，对剪切过程对弹道明胶老化的影响给出了定量描述，根据简单剪切和单轴压缩实验，提出了用 Mohr-Coulomb 失效准则来描述弹道明胶的破裂行为。

第 2 章　印刷油墨简介

2.1 印刷油墨概述

印刷油墨作为现代信息传播的重要媒介，在人类文明的发展过程中扮演着十分重要的角色。从古代的简单染料到如今的高性能、环保型油墨，印刷油墨的发展史不仅反映了人类科技的进步，还折射出社会需求的演变与环境保护意识的提升。

2.1.1 印刷油墨的起源

印刷油墨的起源可以追溯到数千年前，早期的油墨主要用于记录和艺术创作。最早的油墨可以追溯到古埃及和中国古代，这些油墨通常由天然染料和动物胶等材料制成，用于书写和绘画。

公元前 3000 年左右，中国古代的人们已经开始使用炭黑和动物胶制成的墨水进行书写和绘画。这种墨水不仅能够用于书写竹简、帛书等文书，还在雕版印刷的初期得到了应用。东汉时期（25—220 年），蔡伦改进了造纸术，纸张的普及推动了印刷技术的发展，而油墨作为印刷的重要材料，也逐渐发展出更多的种类。

古埃及人也使用类似的墨水进行文字记录和绘画，他们将松烟或煤炭与天然胶质物质混合，制成能够在莎草纸上书写的墨水。这种油墨不仅便于制造，还能保持良好的耐久性，能够适应古埃及炎热干燥的气候条件。

公元 1000 年左右，北宋毕昇发明了胶泥活字印刷，极大地提高了印刷效率，为知识的传播作出了重要贡献。到了明代，制墨技术进一步发展，线装书得到广泛应用，这离不开油墨工艺的进步。在 15 世纪的德国，油墨的主要成分是灯黑和亚麻油。直到 19 世纪中叶，化学科学的进步使煤焦油染料和颜料成为油墨的主要成分，不同色相和明度、不饱和度的颜色的油墨开始生产出来。油墨工艺进入新的发展阶段。

2.1.2 印刷术的发展与油墨的革新

随着印刷术的发展，尤其是在中国的雕版印刷和活字印刷术发明之后，人们对油墨的需求和要求不断提高。油墨不仅要适应不同的印刷材料，还要具备更好的附着力、耐光性和色彩表现能力。

中国是世界上最早发明印刷术的国家，雕版印刷术的广泛应用推动了油墨的发展。唐朝时期，雕版印刷术已经相当成熟，印刷的佛经和文学作品广泛流传。此时，油墨的配方逐渐从简单的炭黑与胶质物质，发展为更复杂的混合物，以提高印刷品的清晰度和耐久性。

在宋代随着印刷技术的进一步发展，书籍的大规模印刷成为可能。为了满足这一需求，油墨的质量不断提高，新的配方开始被开发出来。例如，人们开始在油墨中加入松烟、油脂、树脂等材料，以提高油墨的流动性和附着力。这一时期的油墨不仅用于纸张印刷，还被广泛应用于瓷器、纺织品等工艺品的装饰。

与雕版印刷术不同，活字印刷术使用了可移动的金属字模，这对油墨提出了新的要求。

活字印刷术的推广和油墨配方的改进，使书籍的印刷成本大幅降低，推动了知识的传播。

2.1.3 现代油墨的发展与多样化

进入工业革命时期，印刷技术和油墨的需求大幅增长。工业化生产带来了大量的印刷品需求，印刷油墨的种类和应用范围也不断扩大。19世纪，随着化学工业的发展，合成染料和新型化学材料被引入油墨生产，进一步提高了油墨的性能。

19世纪中期，合成染料的发明改变了油墨生产的面貌。与天然染料相比，合成染料具有更鲜艳的色彩和更稳定的化学性质。合成染料的广泛应用使油墨的颜色选择更加多样，同时提高了油墨的耐光性和耐久性。例如，苯胺染料的引入为油墨生产提供了新的色彩选择，这些染料不仅颜色鲜艳，还能与不同的油脂和树脂混合，形成适合不同印刷工艺的油墨配方。合成染料的出现也促进了彩色印刷技术的发展，推动了彩色书籍、海报和包装的广泛应用。

随着环保意识的提高，传统油基油墨因其在生产和使用过程中产生的挥发性有机化合物而逐渐受到质疑。20世纪后期，环保型油墨开始兴起，其中最具代表性的是水性油墨和UV（ultra-violet ray，紫外光）固化油墨。水性油墨以水为溶剂，减少了有机溶剂的使用，从而降低了对环境的污染。UV固化油墨则使用紫外线照射使其快速固化，避免了传统油墨中的溶剂挥发问题。这两种油墨不仅环保，还具有良好的印刷适应性和优异的物理性能，逐渐成为现代印刷工业中的主流选择。

随着计算机技术的普及和数字印刷的兴起，印刷油墨的应用领域进一步拓展，传统的胶印油墨、凹印油墨等面临着新的挑战和机遇。数字印刷技术需要特定的油墨配方，以适应快速变化的市场需求。

功能性油墨是现代印刷技术发展的一个重要方向。功能性油墨不仅具备传统油墨的基本功能，还能赋予印刷品特殊的物理或化学性能。例如，导电油墨可用于印刷电子电路，光致变色油墨可用于防伪标签，感温变色油墨可用于温度指示。功能性油墨的开发使印刷技术不仅能够传递信息，还能够参与到更广泛的工业应用中。

2.1.4 印刷油墨的未来展望

展望未来，印刷油墨的发展将继续受到技术进步、市场需求和环保要求的驱动。随着3D（3-dimensional，三维）打印技术的兴起，专用的3D打印油墨逐渐成为一个新的研究热点。3D打印油墨不仅要具备高精度的打印性能，还需要具备快速固化和高强度等特性，以满足不同领域的应用需求。

纳米技术的发展也为油墨的研发带来了新的可能性。纳米颗粒的加入可以提高油墨的光学性能和机械性能，使其在高精度印刷和功能性涂层方面具有更广泛的应用前景。

环保将是未来油墨发展的重要方向。开发低污染、高效能的绿色油墨将成为未来研究的重点。随着社会对可持续发展的关注不断增加，油墨制造商需要不断创新，以满足日益严格的环保标准和消费者的期望。

从古代的天然染料到现代的高性能、环保型油墨，印刷油墨的发展史是一部与人类文明进步紧密相连的科技演变史。通过不断的技术创新，印刷油墨不仅在信息传播中发挥了重要作用，还在现代工业、文化创意等领域展现了广泛的应用前景。随着技术的不断进步和环保意识的提升，未来的印刷油墨将在更多领域展现其独特的价值，为人类社会的可持续发展贡献更多力量。

2.2 印刷油墨流变学研究

2.2.1 印刷工艺中的油墨流变性

现代印刷产业正朝着高速度、高精度和智能化的方向发展，同时人们对控制生产成本、提高产品质量、降低环境污染的需求越来越高。在整个印刷过程中，油墨的传输和转移对印刷品质有着显著的影响。始终保持油墨传输和转移的稳定、均匀和适量，是提高生产效率和获得高品质印刷的保证。为实现这些目的，油墨需要具有良好的流变属性。因此，对现代印刷产业而言，研究油墨的流变行为（包括触变性、屈服应力和黏弹性等）具有重要的工程应用价值。

印刷油墨是一种由色料、连接料、填充料和助剂形成的胶体分散体系。油墨的主剂是由作为分散相的色料和作为连续相的连接料构成的。色料可分为颜料和染料，其作用是使油墨具有所需的色彩。连接料起连接作用，是油墨中流动体的组成部分，其质量决定了油墨的品质（包括流动性、墨膜的光泽、干燥性、力学性能等）。填充料和助剂则用来调整油墨的性能，如改善油墨的色调和印刷适性等。根据印刷方式的不同，油墨可分为胶版油墨、凹版油墨、柔性版油墨、丝网油墨以及特种油墨。另外，为了减少油墨对环境的影响，一些环保油墨（如水性油墨、紫外光固化油墨、植物油基油墨以及非芳香烃溶剂油墨）在近些年得到了快速的发展。

在印刷过程中，油墨从墨斗经匀墨辊、着墨辊到达印版，再从印版转移到承印材料表面，经历给墨、分配和转移三个行程。油墨在前两个行程中完成传输，在最后一个行程中完成转移，其原理图如图 2.1 所示。

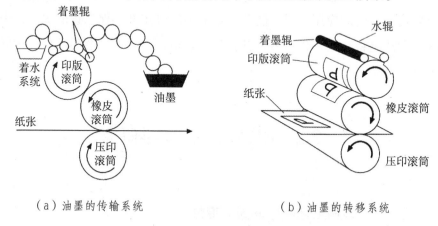

（a）油墨的传输系统　　　　　（b）油墨的转移系统

图 2.1　印刷油墨的传输和转移系统原理图

给墨和分配两个行程一起组成了油墨的传输系统。油墨传输系统的目的是改善油墨的流动性，使印刷墨层更均匀、更细腻，从而获得高品质的印刷效果。油墨在多对滚筒间进行传输和分配后，会经历剪切、挤压、拉伸和分离等作用，流动性得到很大改善，墨层变得越来越均匀，到达印版的油墨便具有了良好的流动性且均匀稳定，最终通过胶版将需要的图案、文字印在承印物上。

在给墨行程进行之前，墨斗中的油墨是一种弱结构的黏弹性固体，具有很大的黏度，在重力作用下并不发生流动，存在明显的屈服应力。显然，这种状态的油墨并不适合在墨辊间传输。当给墨行程运行后，随着墨斗辊的旋转，墨斗中的油墨受到持续剪切作用，黏度逐渐降低并达到某一稳态值，油墨的流动会趋于流畅。由此可见，在剪切作用下，油墨会从固体向流体转变。

油墨在墨辊之间传输时，在极短的时间内经历了挤压、空化、拉丝、墨丝断裂回弹等形态的演化，其速度分布如图 2.2（a）所示。墨流沿辊隙方向的压力是随位置变化的。墨流汇合后进入辊隙，由于辊隙间距变小，压力开始上升，并在辊隙中央前不远处达到最大，然后逐渐下降，如图 2.2（b）所示。在墨流压力最低处，墨层内部开始出现微小的空隙。随着墨辊转动，微小的空隙会发展成空洞，在空洞长大过程中，空洞之间的油墨被逐渐拉成丝，即所谓的墨丝；墨丝渐细渐长后被拉断，墨层被分成两部分。一般油墨的松弛时间都非常短（约 10^{-4} s），因此油墨通常被认为是宾汉塑性流体（Bingham plastic fluid），有明显的屈服应力，不考虑它的弹性。但在高速印刷中，由于应力作用时间的数量级与油墨的松弛时间接近，因此在墨膜的拉丝和断裂过程中，油墨的黏弹性行为不能忽略。

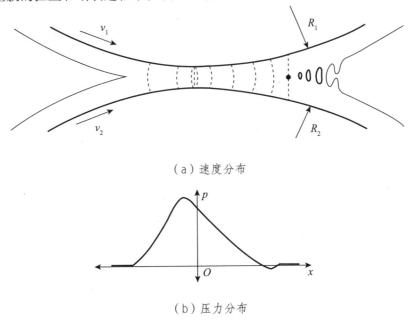

（a）速度分布

（b）压力分布

图 2.2 油墨在墨辊间的速度和压力分布

当印刷过程结束后，墨斗辊对油墨的剪切作用停止，油墨的黏度会逐渐增加，开始从流体向微弱固体转变，油墨表现出明显的老化现象，会自发从非平衡态结构向平衡态结构转变。

由此可见，油墨是一种复杂流体，具有明显的屈服应力、触变性、黏弹性等流变属性。油墨的流变性对印刷品质有显著的影响。油墨的屈服应力会影响给墨行程。如果油墨的屈服应力过高，墨斗旋转所引起的剪切作用可能不足以引发油墨的剪切流动，油墨就不能完成分配和转移；如果油墨的屈服应力过低，就可能形成油墨的流泻。油墨的触变性会影响油墨的分配和转移。如果油墨的触变性过高，墨斗旋转形成的持续剪切作用就不能使油墨的黏度有足够的下降，可能由于油墨的内聚力大于油墨与墨斗间的黏附力造成不下墨现象；如果油墨的黏弹性不合适，就会引起印刷过程中飞墨的产生，从而影响印刷品质。

2.2.2　油墨流变学的研究现状

印刷油墨是一种胶体分散体系，由于成分复杂，影响其流变特性的因素有很多。因此，研究油墨在传输和转移过程中因流动引起的微结构的变化是油墨研究中一个挑战性的问题，主要研究内容包括油墨的触变性、黏着性、黏弹性以及油墨成分的变化与其流变性之间的关系等。

在胶体科学领域，触变性是具有悠久历史的流变学现象之一。1920年，Bingham 在研究了一些具有奇怪流动行为的新材料后，创立了流变学。1923 年，Schalek 和 Szegvari 发现一些由水溶性的 Fe_2O_3 悬浮液组成的凝胶在摇晃下能够实现溶胶和凝胶的相互转变，开创了触变性研究领域。1929年，Freundlich 基于两个希腊词汇的组合 θίξις（thixis：搅拌，摇晃）和 τρέπω（trepo：转变或改变），引入了触变性概念，表达的含义是由机械搅动引起的 sol-gel 转变。

Mewis 和 Wagner（2009）给出了触变性的定义：原先处于静止状态的样品在施加流动后，其黏度随时间连续降低，当流动停止后，样品的黏度随时间逐渐恢复的行为。触变性是基于黏度变化的，同时需要考虑时间因素，即由流动引起的黏度变化是与时间相关的。触变性的定义包含了黏度变化的可逆性，当流动减弱或停止时，样品的黏度随时间逐步恢复。

触变性可以从材料的微结构角度进行解释。颗粒之间的作用力会引起絮体（flocs）的形成，絮体通常随时间演化成三维网络结构。然而，由于粒子间的键相对较弱，流动引起的应力会使键断开。因此，在流动过程中，三维网络结构会分解成单独的絮体，使样品的黏度降低。当应变速率增加时，絮体的尺寸会进一步减小，对应材料的黏度进一步降低。当流动停止后，粒子网络结构开始重建，材料的黏度升高。

Pangalos 等（1985）运用简单剪切和拉伸实验研究了报纸所使用油墨的成分对油墨稳态和时间相关性流动行为的影响。他们的研究结果表明，油墨的流变属性在很大程度上取决于剪切速率和时间。通过施加阶跃剪切速率，剪切应力随时间呈指数增大或减小，结果如图 2.3 所示。

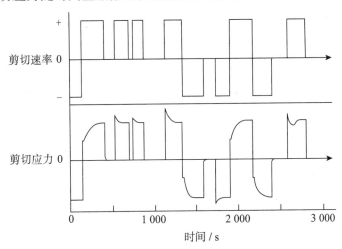

图 2.3　剪切速率阶跃变化时，剪切应力与时间的关系

从图 2.3 可以看出，油墨具有明显的触变性特征。他们还发现，炭黑浓度越高，油墨的时间相关性的特征越明显，而添加高分子树脂会使应力的瞬态峰值趋于平缓。Pangalos 等提出，在试图分析油墨的流变行为时，不仅要考虑油墨的剪切作用持续的时间和剪切应力的大小，还要考虑两次连续剪切之间油墨的静止时间。

Aoki（2007）使用振荡模式研究了炭黑的体积分数和温度分别变化时对炭黑/清漆悬浮液的线性黏弹性的影响。实验结果表明，随着炭黑浓度的增加，样品展现出明显的 sol-gel 转换行为，临界凝胶行为可以根据弹性模量 G'、耗散模量 G'' 以及频率 ω 之间的幂律（power-law）关系来表述。

炭黑临界体积分数和幂律指数均随温度发生变化。

Lin 等（2008）使用流变方法研究了丝网印刷油墨的屈服应力、触变性以及黏度与剪切速率的关系，并在振荡模式下研究了油墨的黏弹性行为。此外，他们还探索了添加各种填充剂对油墨流变行为的影响，发现填充剂的添加对油墨的流变性有显著的影响。Vadillo 等（2013）利用压电轴线振动器和扭转谐振流变仪研究了喷墨流体的线性黏弹性的流变学特征。

国内的一些研究者对油墨的流变学也进行了比较广泛的研究。王正青等（1997）研究了胶印油墨的黏度、触变性、黏弹性对油墨墨性的影响。周春霞和唐正宁（2006）使用 Maxwell 模型解释了印刷油墨转移过程中飞墨和纸张拉毛现象。赵贤淑和魏先福（2009）运用 Casson 方程研究了油墨分散体系黏度的数学模型。刘福平和王安玲（2005）研究了油墨颜料颗粒对油墨触变性的影响，实验结果表明颜料颗粒形状的非对称性是产生油墨触变性的重要因素之一。孙程博等（2006）利用触变环方法考察了 UV 胶印油墨的触变性。刚芹果（2000）对触变性流体的一些本构关系进行了讨论。其他一些研究者对油墨的黏性和印刷适性进行了相应的研究。

2.3　本章小结

本章探讨了印刷油墨这一在人类文明中扮演着重要角色的材料，从起源、发展历程、技术革新到未来展望，全方位展现了油墨在信息传播、工业应用和文化创意等领域的重要价值。印刷油墨的历史可以追溯到数千年前，从古埃及和中国古代的天然染料到欧洲中世纪的油基油墨，再到现代的合成染料和环保型油墨，其发展历程与人类文明的进步紧密相连。

现代印刷产业对油墨的流变属性提出了更高的要求，研究油墨的流变行为（包括触变性、屈服应力和黏弹性等）具有重要的工程应用价值。油墨作为一种胶体分散体系，其流变性对印刷品质有显著的影响，如屈服应力会影响给墨行程，触变性会影响油墨的分配和转移，黏弹性会影响印刷过程中飞墨的产生。

　　由于油墨成分复杂，影响其流变特性的因素很多，因此研究油墨在传输和转移过程中因流动引起的微结构的变化是油墨研究中的一个挑战性问题。目前，研究人员主要关注油墨的触变性、黏着性、黏弹性以及油墨成分的变化与流变性之间的关系等。未来印刷油墨的发展将继续受到技术进步、市场需求和环保要求的驱动，3D 打印油墨和纳米油墨等新兴技术将推动油墨在更多领域的应用。同时，开发低污染、高效能的绿色油墨将成为未来研究的重点，以满足日益严格的环保标准和消费者的期望。

第 3 章　印刷油墨的流变行为

印刷油墨的流变行为决定了油墨的流动性和印刷适性，进而会显著影响印刷品质。过去的一些研究者对油墨的触变性、屈服应力和黏弹性进行了较深入的研究，但没有形成一套比较系统的实验研究方法。另外，以往的研究对油墨的老化和剪切年轻化现象涉及较少。基于这样的背景，本章对一种商用印刷油墨的老化及流变行为进行了较深入的实验研究，重点分析它的触变性、屈服应力以及老化和剪切年轻化行为，建立了一套比较完整的研究油墨流变行为的实验方法，获得的一些结论能够为油墨的研发以及印刷工艺的改进提供有价值的参考。

3.1 概述

老化（aging）现象广泛存在于分散体系和玻璃质聚合物中。老化通常是指在常温和常压以及没有外力作用的条件下，材料的属性随时间逐渐发生变化的现象。材料的属性既包括宏观属性（如体积、焓、力学和介电响应），又包括可以通过光谱和散射技术进行探索的微观或分子尺度的属性。从热力学的角度来看，老化是一种自发的过程，是材料从不平衡状态向平衡状态转变的过程。

根据结构变化是否可逆，材料的老化可以分为化学老化和物理老化两种。

化学老化是一种不可逆的变化过程，总是伴随着永久的化学改性和主要的化学键的形成或破坏，仅通过外力作用或改变温度无法消除它的影响，使材料回到初始状态。例如，混凝土的老化、聚合物的光老化等都是化学老化过程。

物理老化是一种可逆的老化过程，主要是由于分子间的作用力（范德华力和氢键）引起的材料内部结构的变化。与化学键相比，这些分子间的作用力较弱，改变环境温度或对材料施加剪切作用，都会破坏它的结构，消除老化过程的影响，使材料回到它的初始状态。在物理上，这种与老化相反的过程称为年轻化（rejuvenation）。印刷油墨、涂料、悬浮体系以及物理凝胶等一些广泛使用的材料都具有物理老化的行为。

20世纪30年代，西蒙（F.Simon）以及其他研究者证明了无定形固体在低于其玻璃化转化温度时并不处于热力学平衡状态，他们认为这样的材料可以看作一种凝固的过冷液体，它的一些物理属性（如体积、焓和熵等）都大于它处于平衡态时的相应值。由于这种非平衡态是一种不稳定的状态，因此处于玻璃化转化温度以下的无定型材料会自发趋向于平衡态。之后，Struik（1978）对玻璃态材料的体积—松弛关系进行了研究，结果表明这些材料实际上经历了一个试图建立平衡的缓慢过程，如图3.1所示。

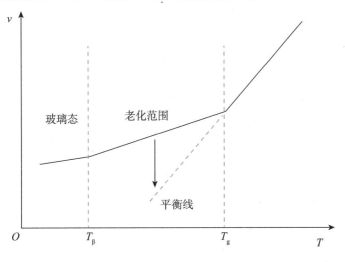

图 3.1　老化起源

图 3.1 中，T_g 为玻璃转换温度，T_β 为最高二阶转换温度，v 为比体积。由于老化动力学进程十分缓慢，因此热力学平衡永远无法达到。在任意给定的时间内，系统展现出准静态行为，系统的属性却随时间发生着变化。

研究材料的老化行为具有实际应用价值。材料的力学性质不仅取决于材料的组成和结构，还受老化时间的影响。例如，一些玻璃态聚合物在小应变条件下，其力学行为随老化时间会经历显著变化。因此，为了描述材料在整个生命周期内的力学行为，研究材料的老化行为是非常重要的。另外，对通过短时间的老化实验来预测材料的长期行为而言，理解材料的老化行为也是必不可少的。

Struik（1978）对无定型聚合物的老化现象进行了广泛的研究，他把这些材料的老化行为称为物理老化。Struik认为，物理老化是玻璃态材料的一个基本特征，几乎存在于所有无定形玻璃态聚合物中。热可逆性是物理老化的一种典型特征，不存在于化学老化过程中。当温度升高超过玻璃化转换温度后，聚合物材料容易达到热力学平衡，材料会忘掉它的受力历史，任何以前在玻璃化转换温度以下的老化过程都会被完全擦除，材料经历年轻化过程。

　　在Struik的研究中，样品具有不同的老化时间，范围从几十分钟到长达三年之久。对样品进行蠕变实验，实验结果表明老化时间的变化仅仅影响蠕变曲线的位置，而不改变它的形状。通过改变时间尺度因子，不同老化时间下的蠕变柔量曲线能叠加成一条主曲线。

　　老化现象也普遍存在于胶体玻璃和浓悬浮液中。对于这些材料，它们所具有的共同特点是存在屈服应力。当施加的应力小于材料的屈服应力时，宏观流动不会发生，材料表现出固体的特性。当施加的应力超过材料的屈服应力时，材料开始流动，表现出流体的性质。如果施加的剪切应力足够大，黏度会趋近于一个稳态值。当施加的应力移除后，材料的宏观流动停止，其内部结构开始重构，表现为黏度和弹性模量随时间逐渐增大。如果再次施加应力，先前重构的结构会被破坏，材料经历剪切年轻化。

　　经典的玻璃态系统和分散体系的老化过程之间存在一个重要的差别。当玻璃态系统冷却至玻璃态转化温度以下后，系统会达到一个亚稳定状态，温度升高，系统会经历年轻化过程。然而在分散体系中，年轻化则是通过施加大的剪切应力实现的，当流动停止后，系统会逐渐趋近于亚稳定状态。一些研究人员认为，在悬浮体系中，由结构无序所形成的能量壁垒不能仅通过热运动克服。当施加应力后，体系的能量壁垒被改变，可以达到不同的亚稳定状态。因此，分散体系的应变响应和标度属性的关键取决于施加应力的大小。

　　Cloitre等（2000）研究了微凝胶在低于屈服点的老化和年轻化行为。他们认为，材料属性的历史相关影响可以根据老化和年轻化现象来解释，应力幅值的大小决定了长时间的记忆，确定了悬浮体系的缓慢演化过程，通过采用时间—应变叠加，不同老化时间和不同应力下的应变曲线可以叠加成一条主曲线。之后，Joshi 和 Reddy 等（2008）对胶体玻璃进行了老化研究，通过应用体系的松弛模型，对不同应力和老化时间下的蠕变曲线进行时间—应力叠加后得到一条主曲线，他们认为这样的老化现象可能普遍存在于各种软物质材料中。

悬浮体系的老化行为可以运用光学方法来进行探索。Knaebel 等（2000）根据光学方法研究了粒子悬浮体系的老化动力学。他们认为，系统逐渐变缓的动力是由玻璃相中随机、局部的应力松弛所决定的。Abou 等（2001）运用动态光散射和黏度测量研究了胶体玻璃的老化动力学，实验结果表明，胶体玻璃存在两种松弛模式，分别为快速模式和慢速模式。他们对这种模式给出了相应的物理解释，并通过测量伴随系统老化过程的黏度变化，建立了系统的粒子动力学和黏度之间的关系。

综上所述，表现出老化行为的材料具有的一个主要特征是力学响应取决于老化时间 t_w，通过引入一个描述该材料老化性质的无量纲数 μ，对老化时间进行缩放变换 $t_{w\mu}$ 后，这些曲线能够叠加成一条主曲线，这是老化现象的一个主要特征。

本章对油墨的流变行为进行了实验研究，重点研究它的触变性、屈服应力以及老化和剪切年轻化行为。本章通过施加预剪切作用，消除了受力历史对油墨流变性质的影响，建立了一个标准的参考测试状态；在黏度模式下分析了油墨的触变性，确定了油墨的屈服应力范围；在蠕变模式下研究了油墨的老化和剪切年轻化的行为，获得了不同老化时间和剪切应力条件下的模型—柔量曲线，这些曲线进行归一化处理后可以叠加成一条主曲线。最后，本章分析了油墨的 sol-gel 转变与温度的关系。

3.2 实验方法

3.2.1 材料和仪器

实验所使用的油墨是由杭州某公司生产的蓝色胶版印刷油墨。油墨的主要成分包括松香改性酚醛树脂、亚麻油、高沸点煤油、桐油、颜料和干燥剂,各种成分的含量见表 3.1。

表 3.1　印刷油墨各成分的百分含量

油墨成分	百分含量
松香改性酚醛树脂（rosin modified phenol resin）	20% ～ 30%
亚麻油（linseed oil）	15% ～ 25%
高沸点煤油（270 ～ 320 ℃馏分）	15% ～ 25%
桐油（tung oil）	≤ 10%
颜料（pigment）	15% ～ 25%
干燥剂（dryer）	1% ～ 3%
耐摩擦助剂（anti-erosion auxiliary）	2% ～ 4%

实验所使用的测量仪器是 Bohlin Gemini-200 旋转流变仪（图 3.2）,采用的是锥板—平板系统,直径为 25 mm,锥角为 5.4°。为了防止实验过程中油墨样本成分的蒸发和氧化,样本的表面被涂上一层低黏度的硅油（运动黏度为 5×10^4 m²/s）。

图 3.2 Bohlin Gemini-200 旋转流变仪

3.2.2 预剪切(剪切年轻化)

胶体分散体系的流变性质与其剪切历史和老化时间相关,具有记忆特性,这种记忆特性与弹性固体的记忆特性并不一样。弹性固体只能记住它的最初状态,当受力移除后,弹性固体会立即恢复到初始状态,与受力历史无关。然而,对于像油墨这样的胶体分散体系而言,不同的剪切历史和放置时间对其流变性质有很大的影响。因此,只有严格控制样品的初始状态,油墨的流变测量才具有可重复性。如前所述,剪切流动能够消除悬浮体系受力历史的影响,使材料发生年轻化,从而获得一个稳定的测试状态。本章通过不断改变实验参数,在 35 ℃时,当预剪切应力为 280 Pa、作用时间为 3 000 s 的条件下,油墨能达到一个稳态黏度值。实验结果如图 3.3 所示。

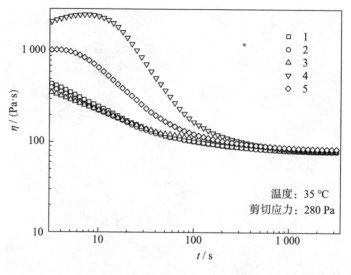

图 3.3　油墨预剪切过程

图 3.3 中，前三组测试数据均是对油墨进行重新加载后立即进行预剪切所获得的数据，第四组数据是油墨加载后静置 2 h 再进行预剪切测试所获得的数据，第五组数据是对油墨进行预剪切后静置 2 h 又重新开始预剪切测试所获得的数据。从油墨黏度变化曲线可知，油墨的加载过程和静置时间对实验的初始状态有明显的影响。当施加大的剪切应力作用后，油墨受力历史的影响被完全消除了，不同老化时间和剪切历史的油墨样本在预剪切的作用下达到一种相同的结构状态。本章通过剪切年轻化，建立了一个标准的测试起点，使不同的实验具有重复性和可比较性，接下来的实验均以预剪切结束时刻作为油墨流变实验的起点。

3.3　实验结果与讨论

3.3.1　印刷油墨的触变性

触变性是指当将流动施加于先前静止的样品时，黏度会随着时间的推移而连续降低，并且在流动停止后，黏度会在一段时间内恢复的现象。触变性材料具有以下的基本特征。

第一，黏度随时间变化。在静止状态下，触变性材料的黏度较高，但在施加流动后，黏度会随着时间的推移而降低。

第二，可逆性。流动停止后，触变性材料的黏度会在一段时间内逐渐恢复到原始水平。

第三，时间依赖性。触变性的程度和时间恢复速率取决于流动的持续时间、剪切速率以及材料的组成和结构。

第四，微结构变化。触变性材料的黏度变化是其微结构随时间的变化，如絮凝体的形成、断裂和重组。

第五，与剪切历史相关。触变性的变化取决于材料的先前剪切历史，包括静止时间、剪切速率和应力水平。

第六，存在屈服应力。许多触变性材料在低应力水平下表现出屈服行为，即在达到屈服应力之前保持固体的行为。

此外，触变性材料还具有其他一些特点。例如，触变性材料通常是非牛顿流体，其黏度随剪切速率的变化而变化；触变性材料在施加和停止流动时表现出黏度变化的滞后现象，这意味着黏度的变化速率不同；触变性材料的微结构可能表现出各向异性，这意味着材料的性质在不同方向上不同；触变性材料在长时间静止后可能表现出老化现象，但可以通过流动来逆转；触变性材料在经历高剪切速率后，其黏度可能会在一段时间内缓慢恢复，这种现象称为剪切恢复。

通常，表示触变性模型的方法有连续介质力学方法、结构动力学模型方法以及微观结构模型方法。连续介质力学方法使用记忆函数来描述黏度随时间的变化，可能包含屈服应力。结构动力学模型方法使用结构参数来表示结构的程度，并通过动力学方程来描述结构随时间的变化。微观结构模型方法基于对微观结构（如分形结构）的实际分析，并使用流体动力学来描述黏度。

为了研究印刷油墨的触变性，本章先进行如下剪切速率逐步变化实验：

在预剪切结束后，将油墨样品静置 1 000 s；之后施加 3.0 s^{-1} 的剪切速率，再在接下来的几个阶段（每个阶段持续 2 000 s）突然增大或减小剪切速率，观察剪切应力的变化。实验结果如图 3.4 所示。

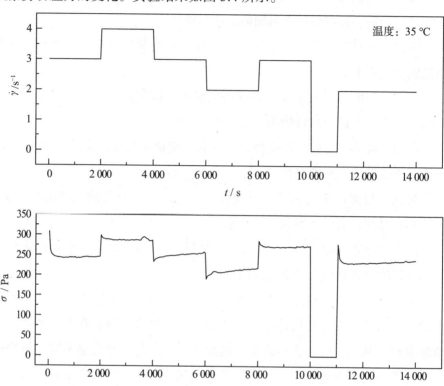

图 3.4　剪切速率逐步变化时，样品剪切应力的变化曲线

从图 3.4 可以看出，当应变速率突然减小时，剪切应力也会突然减小，然后随时间逐渐增加，油墨表现出明显的触变性。

接下来研究剪切速率阶跃变化时，油墨样品的黏度变化。同样地，在预剪切结束后，将样品静置 1 000 s；接下来施加 3.5 s^{-1} 的剪切速率，持续一段时间后将剪切速率阶跃减小至 0.5 s^{-1}；之后再次增大剪切速率至初始值，每一阶段的持续时间为 7 200 s。黏度变化结果如图 3.5 所示。

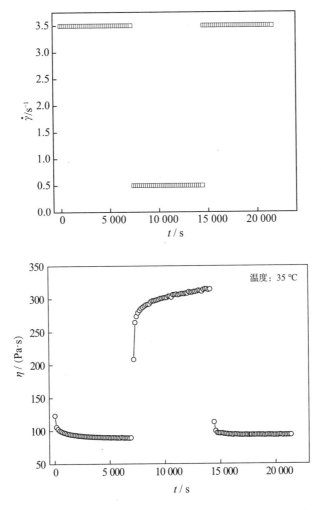

图 3.5　剪切速率阶跃变化时，油墨样本黏度的变化曲线

从图 3.5 可以看出，剪切速率的阶跃变化对油墨的黏度有着显著的影响。剪切速率突然变小引起油墨黏度的增加，说明油墨具有触变响应黏度。当施加的剪切速率为 3.5 s⁻¹ 时，油墨在流动过程中的黏度逐渐降低并趋向一个稳态值。当剪切速率突然减小到 0.5 s⁻¹ 时，油墨的黏度出现阶跃变化，并随时间逐渐增大，在这个阶段黏度没有达到一个稳态值，表明油墨的结构恢复是一个漫长的过程。当剪切速率再次变为 3.5 s⁻¹ 时，先前恢复的结构被破坏，油墨黏度再次突然降低，然后逐渐减小并趋向先前的稳态值。由此可见，流动的强弱能够引起油墨黏度的可逆变化，反映了油墨微结构的可逆变化。

图 3.5 也说明了油墨样品的老化过程与年轻化（由流动引起）之间存在着竞争关系。当流动较快时（剪切速率为 3.5 s^{-1}），剪切年轻化占主导地位，样品的微观结构被破坏，对应样品黏度减小。当流动较慢时（剪切速率为 0.5 s^{-1}），样品黏度开始逐渐增大，被破坏的微结构开始恢复，老化过程占主导地位。从热力学角度来看，油墨样品的老化是自发过程，年轻化是外界对样品施加的扰动，不同的扰动可以使老化过程被完全消除或仅被延缓。显然，这里存在一个临界应力，超过该应力临界值，老化过程被完全消除；低于该应力临界值，老化过程被阻碍，但不会被消除。该应力临界值被称为屈服应力。

图 3.6 进一步说明了油墨样品屈服应力的存在。当剪切应力为 150 Pa 时，样品黏度会随时间逐渐降低并趋向于稳态值，剪切年轻化起主导作用（图 3.6 曲线 1）。这表明施加的剪切应力超过了样品的屈服应力。当剪切应力继续增大到 220 Pa 时，样品的黏度会进一步下降，并随时间趋向于一个更低的稳态值。黏度的变化反映了剪切应力对样品结构的破坏程度不同，应力越大，破坏也越严重。最终，样品能够达到一种亚稳定的状态，表现出流体的特性。

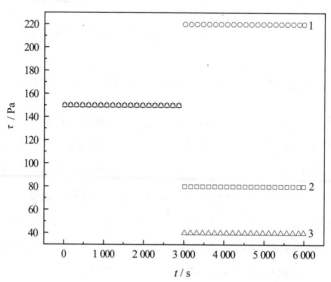

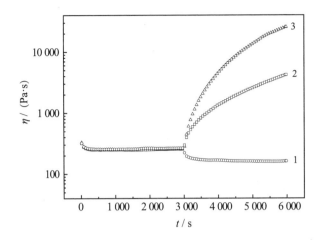

图 3.6 施加不同的剪切应力时，油墨样品黏度随时间的变化

当施加的剪切应力为 80 Pa 时，油墨样品的黏度随时间逐渐增大（图 3.6 曲线 2），这说明施加的剪切应力小于屈服应力，老化过程占主导地位。当进一步减少应力到 40 Pa 时，样品的黏度随时间增大得更快，说明油墨结构的重建速率更快（图 3.6 曲线 3）。当施加的应力小于屈服应力时，尽管老化过程处于主导地位，但应力会阻碍样品结构的重建，应力越大，阻碍越严重。另外，在这两组实验中，样品黏度随时间增大但并没有达到稳态的趋势，说明油墨的老化是一个长期的过程。

根据前面的实验结果，可以得出结论：当应力超过屈服应力时，年轻化占主导，取决于应力的幅值，样品可以达到多种不同的亚稳定状态，表现出近似牛顿流体的特性；当应力低于屈服应力时，老化占主导作用，应力对老化有阻碍作用，应力越大，阻碍越明显，样品需要更长的时间达到平衡状态。

3.3.2 油墨的屈服应力

屈服应力可定义为流体能够在某种程度上支撑它们自身重量而不发生流动，即能够承受剪切应力而不发生流动的应力大小。牛顿流体没有屈服应力，它们在任何大小的剪切应力作用下都会发生流动。一些常见的流动现象的剪切应力与剪切速率的关系如图 3.7（a）所示。

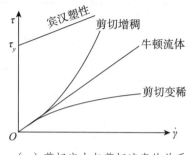

（a）剪切应力与剪切速率的关系

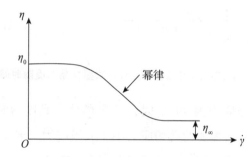

（b）具有屈服应力的流体黏度与剪切速率的关系

图 3.7　常见的流动行为

一个表示屈服应力流体的简单模型是 Bingham 塑性模型。在屈服应力以下，材料具有胡克固体行为；在屈服应力以上，材料表现出牛顿黏性流体的行为。该模型表述为

$$
\begin{cases}
\tau = \eta\dot{\gamma} + \tau_y, \ \tau \geq \tau_y \\
\dot{\gamma} = 0, \qquad\quad \tau < \tau_y
\end{cases}
\tag{3.1}
$$

根据 Bingham 模型，在屈服应力以下，剪切速率为零，黏度趋于无穷大。然而，Barnes 和 Walters 等（1985）提出，屈服应力是一种理想化的概念，在给定的测量精度下，屈服应力实际上是不存在的。表现出屈服应力的流体的实际流动曲线如图 3.7（b）所示。

在足够低的剪切速率下，黏度达到一个牛顿流体区域；在足够高的剪切速率下，黏度会达到另一个牛顿流体区域。在两个平台之间，黏度是单调下降的，表现出幂律行为。

为了给出在低剪切速率和高剪切速率下的牛顿流体区域，Cross 在 1965 年提出了如下模型：

$$\frac{\eta - \eta_\infty}{\eta_0 - \eta_\infty} = \frac{1}{1 + \left(K^2 \, |\,\mathrm{II}_{2D}\,|\right)^{\frac{1-n}{2}}} \tag{3.2}$$

式中，II_{2D} 为变形速率张量的第二不变量；K 和 n 为常数。在低剪切速率下，η 趋向于 η_0；在非常高的剪切速率下，η 趋向于牛顿流体极限 η_∞；在中等剪切速率下，Cross 模型具有近似幂律段。

确定流体的屈服应力是非常困难的。测量结果不仅取决于仪器精度，还取决于实验测试方案。另外，由于物质结构会发生老化，屈服应力并不是一个内在属性，而与剪切历史相关。

图 3.7 显示油墨表现出明显的屈服应力。但是，精确地确定油墨的屈服应力是比较困难的，这里通过施加不同大小的剪切应力来确定油墨的屈服应力范围。

预剪切结束后，油墨样品静置 1 000 s，然后施加不同的剪切应力，观察油墨黏度随时间的变化。图 3.8 显示了油墨样品在不同的剪切应力作用下的黏度变化曲线。

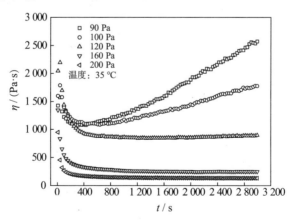

图 3.8　施加不同的剪切应力，油墨黏度的变化曲线

从图 3.8 可以看出，油墨在剪切作用下黏度的分界点处应力约为 120 Pa，可以认为其屈服应力为 120 Pa。此时，稳态剪切速率为 0.13 s^{-1}。在此临界应力之下，样品的黏度在剪切作用下随时间逐渐增大，老化过程超过剪切年轻化，不能达到稳态的剪切速率。在临界应力之上，样品的黏度随时间减少，剪切年轻化超过老化，黏度趋于稳定值，近似表现出牛顿流体的特性。

从图 3.8 还可以看出，剪切应力越大，样品所能达到的稳态黏度越低。也就是说，黏度越来越趋近于图 3.7（b）中的牛顿流体极限黏度 η_∞。在这种情况下，油墨样品变成牛顿流体。

3.3.3 油墨的老化与年轻化

1.自由老化过程

预剪切结束后，静置的油墨样本结构开始恢复，由流体向微弱固体转变。在这个转变过程中，油墨表现出黏度随时间增大的趋势。如果采用黏度或蠕变模式来探索油墨结构的演化，施加的剪切应力会或多或少阻碍样本结构的重建。为了将外界因素对油墨结构重建的影响降到最低，本章采用小振幅振荡实验来分析预剪切结束后油墨的自由老化过程。

在振荡模式下，本章采用应变控制的方式进行实验。样品的应变为 1%，振荡频率为 0.2 Hz，实验持续时间为 9 000 s。实验结果如图 3.9 所示。

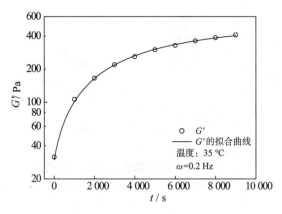

图 3.9 自由老化过程下油墨的弹性模量随时间变化曲线

从图 3.9 可以看出，在预剪切结束后，样品的弹性模量随时间逐渐增大，并趋向于某一稳态值。

Barnes（1999）提出了如下一个拉伸指数模型来拟合弹性模量：

$$\frac{G' - G'_\infty}{G'_0 - G'_\infty} = \exp\left[-\left(\frac{t}{\tau_0}\right)^r\right] \tag{3.3}$$

式中，老化初始模量 G'_0 =30 Pa；老化最终平衡模量 G'_∞ =500 Pa；老化特征时间 τ_0 =6 500 s；指数 r =0.59。从图3.9可以看出，拉伸指数模型能够很好地描述油墨的自由老化过程。式（3.3）说明在自由老化状态下，油墨的弹性模量会趋于稳态值 G'_∞，所需的时间为无穷大。

2. 油墨老化主曲线

在知道了油墨的自由老化趋势后，接下来本章在蠕变模式下分析施加不同大小的应力对油墨老化行为的影响。本章将预剪切结束后的时间作为实验的起点，让油墨样品静置不同的时间，即设置不同的老化时间 t_w。在 $t = t_w$ 时，施加阶跃应力，测量样品柔量随时间的变化。柔量 J 是模量的倒数，其定义如下：

$$J = \frac{\gamma(t)}{\tau} \tag{3.4}$$

本章共进行了2组实验，施加的剪切应力分别大于和小于屈服应力（约120 Pa）。当施加的蠕变应力小于屈服应力时，柔量随时间逐渐趋于稳定值，样品表现出弹性固体的性质，实验结果如图3.10所示。老化时间越长，样品柔量越小，表明在静置期间，样品的模量随老化时间逐渐增加。

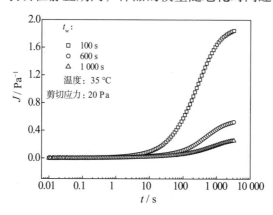

图3.10　蠕变应力小于屈服应力时，油墨的柔量变化曲线

Joshi 和 Reddy（2008）在蠕变模式下研究胶体玻璃的老化行为时，采用 Maxwell 模型证明了通过改变时间尺度，不同老化时间下的柔量曲线能够叠加成一条主曲线。当施加阶跃应力 σ 时，样品的应变响应为

$$\gamma(t_w + t) = \frac{\sigma}{G} + \int_0^t \frac{\sigma}{\eta}\mathrm{d}t \qquad (3.5)$$

式中，G 和 η 分别为 Maxwell 模型中的弹簧和黏壶元件的参数值；模型的特征时间为 $\tau_0 = \dfrac{\eta}{G}$。

  Struik（1978）以及 Feilding 等（2000）提出

$$\tau_0 = At_w^\mu \qquad (3.6)$$

式中，A 为常量因子；μ 为用来描述老化现象的无量纲特征参数，范围为 $0 \sim 1$，是应力的函数。联立式（3.5）和式（3.6），得到

$$\gamma(t_w + t) = \frac{\sigma}{G} + \frac{\sigma}{GA}\int_0^t \frac{1}{(t_w + t)^\mu}\mathrm{d}t \qquad (3.7)$$

求解式（3.7），得到

$$J(t_w + t)G(t_w) = 1 + \frac{1}{A}\left(\frac{t}{t_w^\mu}\right) \quad \text{或} \quad \frac{J(t_w + t)}{J(t_w)} = 1 + \frac{1}{A}\left(\frac{t}{t_w^\mu}\right) \qquad (3.8)$$

式中，$G(t_w)$ 为蠕变开始时油墨样品柔量的倒数，即 $G(t_w) = \dfrac{1}{J(t_w)}$。

  式（3.8）表明，经过合适的水平和垂直偏移，可以找到一个 μ，将不同老化时间的蠕变曲线叠加成一条主曲线。具体步骤如下：第一，根据式（3.8），将每一组老化时间的柔量除以各自的初始柔量值，即 $\dfrac{J(t_w + t)}{J(t_w)}$，将其作为主曲线的纵坐标；第二，尝试选择不同的 μ 值，对老化时间进行尺度变换 t_w^μ，再计算 $\dfrac{t}{t_w^\mu}$ 的值，将其作为横坐标，这样就可以将不同老化时间下的柔量曲线叠加成一条主曲线。

当 μ 为 0.2 时，以 $J(t_w+t)G'(t_w)$ 为纵坐标，以 $\dfrac{t}{t_w^{\mu}}$ 为横坐标，得到的主曲线如图 3.11 所示。

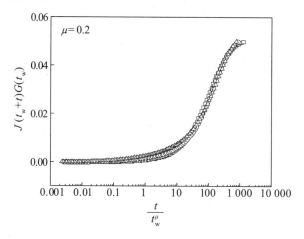

图 3.11　通过时间尺度的变化叠加形成的主曲线

图 3.11 表明，三条不同老化时间的柔量曲线能够很好地叠加成一条主曲线。

当施加的蠕变应力大于屈服应力时，实验结果如图 3.12 所示。

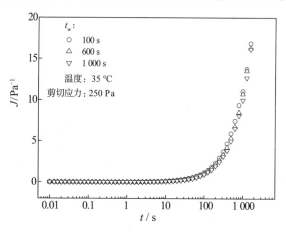

图 3.12　蠕变应力大于屈服应力时，油墨的柔量变化曲线

图 3.12 中，柔量随时间无限增大，油墨样本表现出流体的行为，三条

不同老化时间下的柔量曲线完全重合，柔量的变化与老化时间无关，样品的流动完全消除了老化的影响。因此，不需要进行时间尺度的变化，三条曲线就能叠加得很好，此时，可以把 μ 看作零。

由此可见，μ 是应力的函数。我们可以依据 μ 来分析应力对油墨年轻化的影响。当 μ 等于 1 时，样品处于自然老化状态，无年轻化发生；当 μ 为 0 时，样品完全年轻化，老化过程被完全破坏；当 μ 介于 0 和 1 之间时，样品经历部分年轻化，老化过程被延缓。

3.3.4　油墨的溶胶—凝胶转化

在预剪切过程中，油墨样品的黏度会趋于一个稳态值，表现出牛顿流体的行为。当剪切过程结束后，静置的油墨样品结构开始重建，弹性模量随时间逐渐增大，表现出弹性固体的特征。由此可见，在预剪切结束后，样品会经历一个从黏性流体向微弱的弹性固体的转变，即从溶胶向凝胶转变。这种转变发生的判断准则可根据低频下的黏弹性谱幂律来表示即

$$G'(\omega) \propto G''(\omega) \propto \omega^n \qquad (3.9)$$

式中，G' 和 G'' 分别为储能模量和耗散模量；n 为临界松弛指数，取值范围为 $0 \sim 1$。

在物理凝胶点，耗散正切是常数，即

$$\tan\delta = \frac{G''(\omega)}{G'(\omega)} = \tan\left(\frac{n\pi}{2}\right) = 常数 \qquad (3.10)$$

在预剪切完成后，本章对静置的油墨样品进行频率扫描，范围为 $0.01 \sim 10\ \text{Hz}$，取 8 个频率值。由于完成一次频率扫描所需的时间为 177 s，扫描获得的不同频率下的 G' 和 G'' 的值并不是同一时刻的值，因此应该加上扫描所用去的时间。例如，油墨样品静置 60 s 后开始频率扫描，10 Hz 下的 G' 和 G'' 对应的老化时间为 237 s。由于在扫描期间，油墨的结构依然在发生演变，因此为了确定 sol-gel 转换发生的时间，实验需要获得同一时刻下 G' 和 G'' 的值。

本章对不同老化时间下的样品进行 8 次频率扫描，得到每组的 G' 和 G'' 值，结果如图 3.13 所示（只显示 G'）；通过考虑扫描所需的时间，实验可以获得每个频率下的 G' 和 G'' 对应的老化时间，然后对每个频率下的 G' 和 G'' 进行拉伸指数拟合，得到 $G'(t)$ 和 $G''(t)$ 的函数表达式（t 表示老化时间）；最后计算某一时刻的 G' 和 G''。以下使用的 G' 和 G'' 均是通过计算得到的。

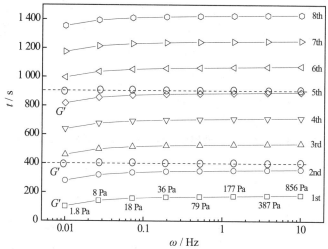

图 3.13 采用多项式插值函数计算得到的某一时刻的储能模量 G'

图 3.14 和图 3.15 分别给出了 25 ℃ 和 35 ℃ 下的 G'、G'' 与频率的关系。从图 3.14 可以看出，实验温度为 25 ℃ 时，在预剪切结束后 100 s 时，$G' \propto \omega^{0.59}$，$G'' \propto \omega^{0.62}$，$\log G' \sim \log \omega$ 和 $\log G'' \sim \log \omega$ 均呈线性关系。在 300 s 时，$\log G' \sim \log \omega$ 仍近似呈线性关系，这说明 sol-gel 转变发生在预剪切结束后的 300 s 之内。

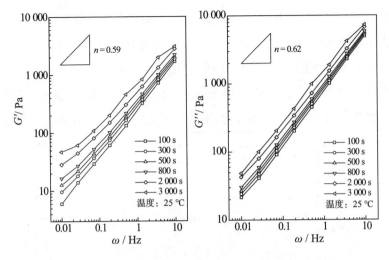

图 3.14　25 ℃时，油墨储能模量和耗散模量与频率的关系

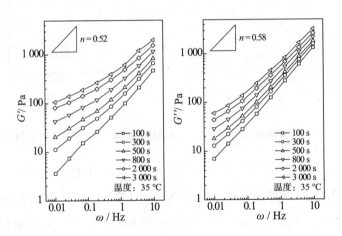

图 3.15　35 ℃时，油墨储能模量和耗散模量与频率的关系

　　当实验温度为 35 ℃时，从图 3.15 可以观察到，在预剪切结束后 100 s 时，$G' \propto \omega^{0.52}$，$G'' \propto \omega^{0.58}$，$\log G' \sim \log \omega$ 近似呈线性关系。但在 300 s 时，$\log G' \sim \log \omega$ 已不呈线性关系。这表明当实验温度升高时，油墨的 sol-gel 转变所需的时间变短了，转变的时间发生在预剪切完成后的 100 s 左右。

　　图 3.16 和图 3.17 分别给出了 25 ℃和 35 ℃时不同频率下的耗散正切 $\tan \delta$ 与时间的关系。从图 3.16 和图 3.17 可以看出，不同频率下 $\tan \delta$ 在实验的早期时间会交于一点，这说明在这个时刻 $\tan \delta$ 与频率无关，这正是油

墨从溶胶向凝胶转变的时刻。当实验温度为 25 ℃时，凝胶转化的时间在 200 s 左右；当实验温度为 35 ℃时，凝胶的转换会发生得更快些，大约为预剪切结束后的 120 s。

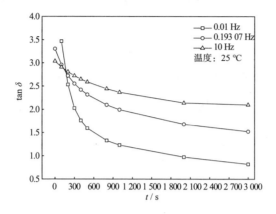

图 3.16　25 ℃时，tan δ 随时间变化的曲线

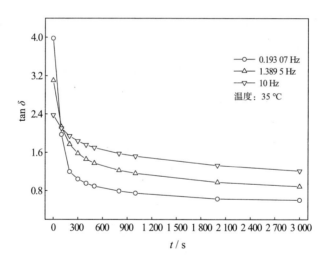

图 3.17　35 ℃时，tan δ 随时间变化的曲线

由此可见，温度对油墨的溶胶—凝胶转化影响很大，温度越高，溶胶向凝胶的转化发生得越早。

3.4　本章小结

　　印刷油墨是一种分散体系，由于成分多样，表现出复杂的流变特性。本章通过实验对油墨的流变特性进行了研究。从实验结果可以看出，油墨具有明显的触变性、屈服应力、老化和剪切年轻化的性质。油墨的流变性质是与其受力历史相关的，具有记忆特性。施加大应力的预剪切作用能够消除所有受力历史的影响，建立标准的测试状态。

　　印刷油墨具有与无定型聚合物、胶体玻璃以及悬浮体系等材料相似的老化行为。在预剪切结束后，静置的油墨开始经历老化过程，其结构开始重构，从液态向微弱固体转变。在自然老化状态，油墨的弹性模量可用拉伸指数模型描述。施加剪切作用会阻碍油墨的老化过程，使其年轻化。引入无量纲指数 μ，通过时间尺度的变化，不同老化时间下的应变曲线能够叠加成一条主曲线。μ 可以度量剪切作用对样品年轻化的影响。当 μ 等于 1 时，样品处于自然老化状态，无年轻化发生；当 μ 为 0 时，样品完全年轻化，老化过程被完全破坏；当 μ 介于 0 和 1 之间时，样品经历部分年轻化，老化过程被延缓。温度会影响油墨样品的 sol-gel 转变。实验结果表明，温度越高，转变发生的时间越快。本章建立了一套比较完整的测量油墨流变行为的实验方法，获得的一些结论能够为油墨的研发以及印刷工艺的改进提供有价值的参考。

第 4 章 明胶的基本知识

4.1 明胶简介

明胶（源自拉丁语 gelatus，表示"坚硬、冷冻"）是一种天然高分子聚合物，是通过对动物皮肤、骨骼和结缔组织胶原蛋白进行有限水解或热变性获得的。明胶包含 19 种氨基酸，主要由甘氨酸（27% ～ 35%）和羟脯氨酸（20% ～ 24%）等组成。明胶独特的氨基酸结构赋予明胶广泛的应用，通常用作食品、饮料、药物、维生素胶囊、照相胶片、纸张和化妆品中的胶凝剂。从胶原蛋白中提取明胶通常需要经过煮沸或水解反应，以生成无味无色的物质，这种物质在食品生产中被称为凝胶剂。明胶不含脂肪和胆固醇，具有高蛋白和低能量的特点，同时具有有益的保护性胶体作用。此外，明胶还具有强大的乳化能力，可以抑制牛奶、豆浆中的蛋白质在进入胃后与胃酸聚集，有助于食物的消化。通常，明胶以片剂、颗粒或粉末的形式存在，有时在使用前可以溶解在水中。

明胶根据胶原蛋白的预处理方式可分为两种类型：A 型明胶和 B 型明胶。A 型明胶是酸处理明胶，其等电点为 pH=6 ～ 9，常用于交联程度较低的猪皮胶原蛋白。B 型明胶是碱处理明胶，其等电点为 pH=5，可用于更复杂的牛皮胶原蛋白。B 型明胶中的纳米颗粒具有更高的交联度，相比于 A 型明胶中的纳米颗粒，B 型明胶的降解速度较慢。B 型明胶的纳米颗粒具有多种物理化学特性，可以与多种化合物相互作用，这些化合物会影响天冬酰胺和谷氨酰胺的酰胺基团，并将其水解为羧基，将许多残基转化为天冬氨酸和谷氨酸。总的来说，由于功能性氨基酸基团、末端氨基酸和羧基的存在，明胶作为蛋白质具有两性行为。

Veis（1964）给出了明胶的科学定义，认为明胶是一类不存在于自然中的蛋白质物质，是通过一些工艺方法（包括破坏胶原蛋白的二级结构）而得到的。当前，明胶通常被定义为一种生物聚合物，是通过对来自动物的皮肤、连接组织或骨头的胶原蛋白原料进行水解后得到的。

4.2 明胶的结构与属性

4.2.1 明胶的结构

明胶主要由蛋白质构成，蛋白质基质的主要来源是胶原蛋白。胶原蛋白是人体和动物中常见的天然蛋白质，存在于身体各处，但在皮肤、骨骼、肌腱和韧带中含量最为丰富。胶原蛋白是人体中最丰富的纤维状蛋白质，其质量超过总蛋白质质量的 25%。人体中其他主要的纤维状蛋白质包括角蛋白和肌球蛋白，这些蛋白质提供了细胞和组织的结构强度。皮肤的强度和柔韧性主要来自胶原蛋白和角蛋白的交叉网格结构，骨骼和牙齿则由胶原纤维的网络结构支撑，这种结构类似加强水泥中的钢筋条。胶原蛋白也出现在像韧带和肌腱这样的连接组织中。

到目前为止，胶原蛋白的类型大约有 27 种，主要类型包括三类：类型 I（包含两个 α_1 链，一个 α_2 链）胶原蛋白广泛存在于动物或人体的连接组织中，如皮肤、骨骼和肌腱等组织；类型 II（包含三个 α_1 链）胶原蛋白主要存在于软骨组织中；类型 III 胶原蛋白依据年龄的不同而出现明显变化，非常年轻的皮肤能够包含高达 50% 的类型 III 胶原蛋白，随着年龄的增加，类型 III 胶原蛋白的含量会减少到 5% ～ 10%。其他类型的胶原蛋白的含量非常少，并且与特定的器官组织相关。

胶原蛋白分子是由三个单独的肽链组成的杆状分子，长度大约为 300 nm，每一个肽链分子沿轴环绕成左旋结构，大约每经过三个氨基酸旋转一周，每个肽链分子又相互环绕成右旋的三螺旋结构，如图 4.1 所示。这种单链内左旋、三链间右旋的排列方式能够有效防止肽链间的解旋。

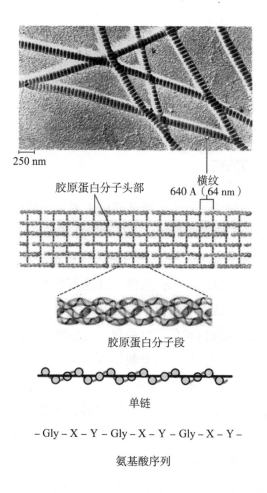

图 4.1 胶原蛋白的分子结构层次

胶原蛋白的三螺旋结构是通过不同肽链之间氨基酸残基形成的氢键稳定结构，羟脯氨酸残基的羟基官能团也参与肽链间氢键的形成。另外，结构附加的稳定性由肽链间和肽链内改性的赖氨酸残基之间形成的共价交联提供。这种三螺旋结构形成了胶原蛋白组织的基本组成单元。

4.2.2 明胶的属性

从化学成分上看，明胶由 19 种氨基酸组成，主要成分（约 57%）为甘氨酸、脯氨酸和羟脯氨酸，剩下的成分（约 43%）为其他氨基酸，如谷氨酸、丙氨酸、精氨酸和天冬氨酸等。明胶由 25.2% 的氧、6.8% 的氢、50.5% 的碳和 17.5% 的氮组成，具有单链和双链的亲水性特征。明胶的化学结构包括不同的多肽链，如 a 链（单一聚合物 / 单链）、b 链（两条 a 链共价交联）和 c 链（三条共价交联的 a 链），其摩尔质量分别约为 9.0×10^4 g/mol、1.8×10^5 g/mol 和 3.0×10^5 g/mol。

在加工过程中，温度的升高会使明胶溶解形成胶体，但在 35 ～ 40 ℃ 时，明胶会变成凝胶状。然而，如果明胶的水溶液长时间煮沸，其性质会因分解而改变，冷却后无法重新形成。此外，明胶的黏度和凝胶强度会随相对分子质量的分布而变化，同时它们会受到电解质状态、pH 和温度的影响。制造商对明胶凝胶强度的质量测试有重要的标准。明胶凝胶会在低温范围内形成，凝胶的熔点是其上限，取决于明胶的等级和浓度；下限则是冰点，即冰晶在冰点处形成。

为了提高明胶的黏度，明胶应保持在 4 ℃以下，这样黏度会随浓度增加而提高。当哺乳动物明胶处于 37 ℃时，其三螺旋结构会重新恢复到盘绕状态，因此凝胶能够可逆地熔化成溶液。通常，明胶的物理网络由氢键连接区维持。然而，由于热可逆性，明胶物理凝胶在生理温度及以上的温度下并不稳定。这限制了明胶凝胶在组织工程或药物递送中的应用，因为在这些应用中，凝胶需要在一段时间内保持稳定，然后溶解。因此，化学或酶促交联更为可取，以解决这个问题并稳定明胶凝胶。

氨基酸在明胶中具有独特的序列。来自动物组织（如骨骼、肌腱和皮肤）的胶原蛋白的水解是产生氨基酸的主要方式。胶原蛋白由三条多肽链组成。三螺旋结构通过氢键形成，结构稳定且相互缠绕。适当的化学预处理可破坏非共价键，以提供足够的膨胀和胶原蛋白的溶解，便于提取明胶。氢键和疏水键的破坏倾向于分解三螺旋结构，并解开链条，随后将分子分解成更小的部分。因此，通过切割氢键和共价键，胶原蛋白可以转化为可溶性明胶，从而将三螺旋结构转化为盘绕状态。

总的来说，明胶具有良好的物理性质，如凝胶力、亲和力、高分散性、低黏度特性、分散稳定性和保水性。明胶具有包衣、韧性和可逆性功能，是一种重要的食品添加剂。此外，明胶还是一种增稠剂和发泡剂，广泛用作乳化剂、分散剂和澄清剂。

水凝胶在食品工业中被广泛用作凝胶剂。大多数水凝胶是从植物中提取的，而明胶一般是从动物中提取的。猪、牛和鱼的胶原蛋白是明胶的主要来源。由于一些学者支持另一类水胶体，特别是被称为"素食明胶"的植物，因此水胶体和明胶经常被混淆。并非所有的水胶体都来自植物，而明胶也不是天然存在的水胶体家族的一部分，它需要从动物部位中提取。因此，具有商业价值的胶原蛋白主要来自去矿化的牛骨（骨胶）、猪皮和牛皮。从化学角度来看，明胶是一种水解的胶原蛋白物质，是某些哺乳动物皮肤、平滑结缔组织和骨骼中的主要蛋白质。因此，明胶的原材料通常来自不同的动物副产品，主要是牛类和猪类，还有一些来自鱼类、家禽、骆驼，甚至来自两栖动物（如青蛙和蝾螈）。通常，明胶中约29.4%和23.1%来自牛皮和骨骼，46%来自猪皮，1.5%来自鱼类。从鱼鳞和鱼皮中提取的明胶是一种生物聚合物，含有85%～92%的蛋白质、水和矿物盐。通过高温、碱、酸和酶的部分羟基化条件可以生产鱼明胶。

明胶可以通过部分水解过程从动物的鳞片、结缔组织、骨骼、肠道和皮肤中提取，这个过程可以生产出高分子量的明胶生物聚合物。基于植物的明胶或"素食明胶"是一种动物明胶的替代品，如魔芋和山药，它们能够从植物水胶体中生产明胶。这种素食明胶可能来自琼脂、卡拉胶、果胶、黄原胶、改性玉米淀粉和纤维素。

迄今为止，无论引入哪些替代品，植物明胶仍然难以超越哺乳动物明胶，特别是从快速繁殖的动物（如猪）中获得的明胶。作为一种替代品，由于世界范围内鱼类副产品的大量生产，鱼明胶在当今市场上比植物明胶更受欢迎。目前，鱼明胶的目标市场稳定性使鱼明胶成为哺乳动物明胶比较有前途的替代品之一，而"素食明胶"仍然处于应用的灰色地带。鱼明胶具有高溶解率和低熔点的特点，还具有与哺乳动物明胶相同的流变学和热稳定特性，但这也取决于物种、原材料类型和加工条件。

4.3　明胶的制备

生产明胶的原料来自健康的动物，主要包括牛骨、牛皮和新鲜的冷冻猪皮。有特殊需求的明胶会使用家禽和鱼作为原料。胶原蛋白原料在经过预处理、部分水解、过滤、提纯、干燥等一系列制造工艺后，就会得到最终的明胶产品。明胶的制备过程通常采用两种不同的生产工艺流程：一种是对胶原蛋白进行酸处理，得到 A 型明胶；另一种是对胶原蛋白进行碱处理，得到 B 型明胶。在原理上，胶原蛋白的交联结构能够通过缓慢地熬煮进行分离，但是长时间的高温处理会对明胶质量带来不利影响。因此，为了加快胶原蛋白交联结构的分离，使用极稀的酸或碱来对原料进行温和的化学分离是非常有必要的，这样能够得到质量更好的明胶。按照这种工艺，胶原蛋白的链本质上是完整无缺的，但三螺旋结构已经分离。

虽然存在许多将胶原蛋白转化为明胶的过程，但它们都有几个共同点，那就是稳定不溶性胶原蛋白的分子间和分子内的键必须被破坏，稳定胶原蛋白螺旋的氢键也必须被破坏。明胶的制造过程由以下几个主要阶段组成：一是预处理，使原材料为主要提取步骤做好准备，并去除可能对最终明胶产品的理化性质产生负面影响的杂质；二是将胶原蛋白水解成明胶；三是从水解混合物中提取明胶，通常使用热水或稀酸溶液作为多阶段过程来完成；四是精制和回收处理，包括过滤、澄清、蒸发、灭菌、干燥、车辙、研磨、过筛，以除去明胶溶液中的水分，将提取的明胶混合，得到干燥、混合、研磨的最终产品。

典型的工业明胶生产过程从天然来源（猪和牛的副产品）开始。在工业中，由猪皮和骨头或牛皮制得的明胶通常被认为是 A 型明胶，而 B 型明胶通常从牛类原料中提取，有时也从猪骨中提取。工业中常用酸性溶液和碱性溶液来提取这些原料中的矿物质和细菌，如苛性石灰或碳酸钠。在明胶生产的第一阶段，酸性预处理会生成 A 型明胶，而碱性水解会生成 B 型明胶。

从猪和牛类原料中提取明胶的典型过程和参数如下。

第一，脱脂。清洗后将原料浸泡在热水中，减少约 2% 的脂肪，然后至少在 100 ℃下烘烤 30 min。

第二，预处理。将原料浸泡在酸性（苛性石灰，通常为 4% 的盐酸，pH < 1.5）或碱性（碳酸钾或碳酸钠，pH > 7）溶液中约 5 d。

第三，提取。将原料放入提取器中，用蒸馏水煮沸，得到的液体明胶通过快速加热至约 140 ℃，持续 4 s 进行灭菌。

第四，蒸发。液体通过过滤器分离出仍附着的骨头、组织或皮肤碎片。过滤后的液体被输送到蒸发器中，将液体与固体明胶分离。

第五，研磨。固体明胶被压成片状，然后研磨成细粉（此时可能会加入甜味剂、调味剂和色素）。

在明胶提取的早期阶段，预处理后的动物皮肤、鱼类或家禽副产品处于未成熟的液体明胶和不溶性天然胶原蛋白的混合状态。为了将混合物分解成最佳产量的明胶，预处理后的材料会在 45 ℃以上的温度下进一步煮沸。预处理过程中使用的化学用品（如 HCl 或 NaOH）会破坏胶原蛋白中的非共价键，从而使蛋白质结构失序，产生足够的膨胀和溶解。在这个阶段，额外的热处理会破坏氢键和共价键，从而使三螺旋结构不稳定，产生螺旋–线圈转变，并转化为可溶性明胶。

胶原蛋白转化为明胶的程度与预处理和煮沸过程的强度有关，通常取决于 pH、温度和提取时间。对于高纤维生成胶原蛋白（通常来自哺乳动物皮肤、结缔组织和软骨）的加工原料，每克立方体的处理原料可以恢复稳定的吡咯烷亚氨酸成分和高分子量多肽。因此，再生明胶具有广泛的功能价值、良好的凝胶强度和热稳定性。相比之下，处理过的胶原蛋白中恢复的氨基酸含量较低（通常来自海洋原料），影响了三股螺旋胶原蛋白的稳定性，导致较差的凝胶强度和热稳定性（相对于哺乳动物基明胶），从而限制了其功能价值。

此外，任何明胶应用领域中需要考虑的关键因素是布鲁姆（Bloom）值及其等电点。明胶的等电点（A 型为 8.0，B 型为 4.9）能够影响溶液中明胶颗粒总净电荷的特性，在将明胶用于任何生物材料时应当特别考虑。明胶的 Bloom 值取决于提取的阶段，其中在提取的初始阶段 Bloom 值较高，而完全水解的明胶 Bloom 值较低。Bloom 值与明胶的凝胶潜力以及凝胶强度成正比，市售明胶通常具有 50～300 g 的 Bloom 强度。为了确定标准 Bloom 值，人们可测量将一个特定形状和大小为 4 mm 的柱塞压入 6.67% 凝胶表面所需的力，测试需在凝胶储存于 10 ℃ 的环境中 18 h 后进行。

4.4　明胶的应用

明胶是一种热可逆物理凝胶，具有胶凝、保水、发泡、乳化、增稠、成膜、澄清、稳定和黏着力等九大功能，在食品、制药、照相、医学和化妆品等领域具有十分重要的地位。

明胶在食品产业的应用几乎无处不在，所占比例高达 59%。明胶富含人体所需的多种氨基酸，有着其他食品添加剂不可比拟的多种特性，被广泛应用于糖果、乳制品、冰激凌、糕点及肉类产品的生产中。

在制药和医学领域，明胶所占比例为 31%。由于和人体组织有较好的相容性和低过敏性，因此明胶常被用来制作胶囊、片药和糖衣丸等。吸收性明胶海绵被用作止血剂。此外，明胶还可以作为血浆的替代品，也可作为稳定剂使用在疫苗中。

明胶在照相领域同样具有重要的应用价值，所占比例约为 2%。明胶在感光胶片上的使用促进了照相技术的发展，推动了摄影的普及，对社会以及人们的生活方式产生了深远的影响。

随着科学技术的发展，明胶的应用领域正在进一步扩大。例如，明胶可用来保护或修复一些珍贵而古老的书籍、文档和文化遗迹，构成长效肥料的外壳，在机械制造行业作为新一代不含油的冷却脱模剂和润滑剂。作为专业清洗剂，明胶可用来去除表面的油污、脂肪、锈渍和其他污垢。明胶具有生物可溶性和生物可降解的性质，可以作为组织生长的潜在支架应用在组织工程。明胶还可应用在创伤性脑损伤研究中，用于神经组织的重生、受损组织的修复或替换以及作为细胞生长的临时支撑体等。采用特殊方法配置的明胶还具有和人体组织相似的力学性质，可作为一种人体组织仿真物应用在终端弹道测试实验中。

过往的历史和大量的事实已经证明，明胶在食品、制药和照相等传统领域取得了巨大的成功。实际上，明胶已经成为现代生活中十分重要的元素。这一切都归功于明胶的特殊属性。正是这些其他凝胶无法比拟的独特性质，激励着全世界的科学家和研究人员来研究明胶的制造工艺、结构和属性之间的关系，探索它新的用途。

由于其凝胶能力，明胶成为现代烹饪中食品工业的重要组成部分。例如，食品工业可利用明胶制作美食甜点，以提高质地、发泡性和清晰度，并稳定食品结构；在罐装肉类产品（如香肠）中，明胶可用于保留流失的汁液，并在烹饪过程中提供良好的热传导介质；可食用明胶还可用于糖果产品，如水果沙拉、冰激凌、泡沫奶酪和干酪。由于其出色的成膜能力和营养价值，明胶可以用作可食用的薄膜和涂层材料。明胶还可以作为化妆品和健康产品中的凝胶剂，如浴盐、洗发水、防晒霜、身体乳、发胶和面霜。由胶原蛋白和明胶制成的各种功能性和营养食品在护肤领域得到了广泛应用。

在医疗行业，明胶可用于水凝胶、纳米微球容器、纳米纤维、药物添加剂和细胞移植载体，可用于不同药物产品的包封，可作为静脉输液、注射药物递送微球和植入物的基质。此外，口服明胶还可以改善骨骼健康和关节功能。明胶还可用于止血，明胶和凝血酶可以在出血部位形成稳定的凝块，而膨胀的明胶颗粒可以为纤维蛋白凝块提供一个场所，限制血液流动，并在出血部位形成机械稳定的基质。Zeng 等人开发了可注射的明胶微冷凝胶（GMs），以改善深层伤口治疗中的细胞疗法，该方法通过微型注射器针头将细胞注入伤口组织的深层，以减少靶向部位并最小化侵入性副作用。

明胶可用于空气过滤器，以分析空气中的微生物，并检测引起过敏反应的物质。明胶过滤器能够溶解于水中，可以通过伽马射线进行消毒，并被单独包装在聚乙烯袋中，非常适合捕捉亚微米颗粒。这种方法具有成本低、操作简单的优点，其存储时间较长，且使用非常方便。此外，明胶可以控制糖晶体的减少，并抑制糖浆中油水相对分离。作为乳化剂，明胶还用作糖果制造中的黏合剂，可以减少脆性，便于成型和切割，从而防止各种糖果破裂，提高成品率。

明胶在法医科学和鞋印提取领域也有先进且有吸引力的新应用。在犯罪现场，调查人员会使用明胶提取器去除他们发现的任何印痕。明胶提取行业使用厚层明胶，将其印在柔性织物材料上，并放置在需要打印的物品上。虽然施压可以有效地印制，但仍需避免对提取器施加过大的压力，因为过大的压力会导致提取器变形。明胶提取器在织物印痕和指纹领域也得到了广泛应用。

明胶具有无色、无味和无臭的特点，能形成固体透明凝胶并产生良好的黏合力，这些特性使其用途非常广泛。明胶在烹饪中可用作凝胶剂，如在冷却时，明胶可以保持果冻的形状。明胶还被用作酿造葡萄酒和啤酒的澄清剂。为了使味道更好，明胶通常会经过精制，并添加糖、防腐剂和香料，然而这会对人类健康产生一定影响。未添加防腐剂或糖分的无味明胶可能具有广泛的健康益处。

至于鱼基明胶的应用，由于低羟脯氨酸浓度，冷水鱼明胶作为凝胶剂的活性受到限制，凝胶强度较低。鱼明胶的生产可分为两类：一类是链内和链间不可还原交联含量较低，这会使鱼皮胶原蛋白更容易降解；一类是不同种类鱼皮的胶原蛋白分子本身存在固有差异。从冷水鱼中提取的明胶含有较低的脯氨酸和羟脯氨酸，而鱼明胶的质量取决于鱼的纯度和功能特性。鱼明胶具有促骨功能。骨质疏松症是一种常见的病症，可能导致残疾和卧床不起。鱼明胶可以促进组织再生，增加骨髓密度，为骨质疏松症患者提供替代益处。从温水鱼中提取的明胶具有与猪明胶相似的特性。从鱼中提取的明胶能够生产部分水解的生物聚合物，用于生产可生物降解的包装膜，其机械性能优异、质量高，具有良好的生物相容性、无毒性和优异的成膜特性。然而，在处理水时，机械强度容易减弱，可能导致明胶的亲水性使用受到限制。为了解决这个问题，可以使用蜡、脂肪和油等各种疏水化合物来增强其防水特性。

4.5 明胶的商业市场规模

明胶是市场上使用广泛的水胶体类型。迄今为止，明胶已成为当今生活中的一种多变功能性物质。根据 Grand View Research 的报告，从如今市场的消费角度来看，预计到 2025 年，明胶的市场规模将达到 50 亿美元；到 2027 年年底，明胶市场的规模预计将达到 67 亿美元，复合年增长率为 9.29%。预计在未来七年内，由于便利性及功能性食品和饮料产品以及医药应用，这种市场规模将产生 868.9 千吨的明胶需求。尽管牛骨、猪皮和牛皮是传统的明胶生产来源，但由于宗教和健康问题，一些消费者会拒绝使用这些来源的明胶。因此，从海洋动物组织（如鱼鳍、鱼皮、鱼鳞和鱼骨）中提取的水生明胶可能成为这些哺乳动物明胶的替代品。明胶已成为当今市场上的重要商品，并已在多个领域得到广泛应用。

根据明胶市场规模、分析与行业趋势报告，过去十年全球明胶产量增加了约 20 万吨。明胶的全球生产者中，欧洲和美洲国家占 78%，中国、印度、俄罗斯和巴基斯坦占 22%。明胶生产的原料来源为 55% 的猪源和 45% 的牛鱼源。鱼骨和鱼鳞在明胶提取中更受欢迎，因为与鱼皮相比，它们含有更高含量的氨基酸（脯氨酸），可以生产大量的明胶，明胶的强度属性与猪和牛的相似。根据美国明胶制造商协会（2019 年）的数据，63% 的明胶用于食品，31% 的明胶用于医疗领域，6% 的明胶用于技术或其他领域。

4.6 本章小结

本章详细介绍了明胶的结构、属性、制备方法、应用领域以及商业市场规模。明胶是一种天然高分子聚合物，主要由甘氨酸、脯氨酸和羟脯氨酸等氨基酸组成，具有高蛋白、低能量、无脂肪和胆固醇的特点，以及良好的乳化能力和保护性胶体作用。明胶通常用作食品、饮料、药物、化妆品等产品的胶凝剂。

明胶由胶原蛋白水解而来，而胶原蛋白是人体和动物中常见的天然蛋白质，主要存在于皮肤、骨骼、肌腱和韧带中。胶原蛋白分子由三条肽链组成，形成独特的三螺旋结构，这种结构赋予了明胶强大的力学性能。明胶的结构和功能受其相对分子质量、pH、温度等因素的影响。

明胶的制备主要分为预处理、水解、提取、精制和干燥等步骤。预处理通常采用酸或碱处理，以破坏胶原蛋白的交联结构，使其更容易水解。水解过程将胶原蛋白转化为可溶性明胶，并形成独特的物理网络结构。精制和干燥过程用于去除杂质，并得到最终的产品。

明胶在食品工业中应用广泛，如糖果、乳制品、冰激凌、糕点、肉类产品等，可用作胶凝剂、稳定剂、乳化剂等。在制药和医学领域，明胶可用于制作胶囊、片剂、海绵、血浆替代品、疫苗稳定剂等。明胶还可应用于照相、医学、化妆品等领域，如感光胶片、组织工程支架、化妆品凝胶剂等。明胶具有多种功能，包括胶凝、保水、发泡、乳化、增稠、成膜、澄清、稳定和黏着力等。

明胶是市场上使用广泛的水胶体类型，市场规模巨大且持续增长。食品和医药领域是明胶的主要应用领域，分别占市场份额的 63% 和 31%。鱼明胶作为一种替代品，市场潜力巨大，尤其在宗教和健康敏感的市场中。生物催化剂过程作为一种环保且经济的提取方法，有望推动明胶生产的可持续发展。

明胶作为一种重要的天然高分子材料，具有独特的结构和功能，在多个领域发挥重要作用。随着科技的发展和人们对健康和环保的关注，明胶的应用领域和市场前景将更加广阔。未来，人们需要进一步研究明胶的制备工艺、结构和性能之间的关系，探索其新的应用，以满足不断增长的市场需求。

第 5 章　弹道明胶的老化行为

我国将 4 ℃以下的质量分数为 10% 的弹道明胶作为创伤弹道研究的靶标,弹道明胶的力学和流变属性能够直接影响轻武器设计的评估结果。因此,研究弹道明胶的结构稳定性(老化行为)、黏弹性、有限变形和破裂行为具有重要意义。一方面,研究弹道明胶的老化行为可以为弹道实验时的靶标性质提供实用可靠的预测依据。另一方面,通过蠕变、剪切、压缩、侵彻以及切割实验,探索弹道明胶的黏弹性、大变形下的本构关系以及破裂特性,能够为建立具有工程实用性和物理意义明确的弹道明胶测试结果与轻武器杀伤机理和杀伤效能模型提供必要的力学参数和材料函数。

5.1　弹道明胶的研究背景

创伤弹道学(wound ballistics)是介于创伤学和弹道学之间的边缘学科,它的研究内容主要是弹头等投射物击入人体后的运动规律及其致伤效应,研究枪弹和爆炸性武器的破片与人体组织(肌肉、器官、骨骼、脑组织等)的相互作用。研究创伤弹道的基本方法包括战伤调查研究和实验研究。战伤调查研究通过对战争中阵亡者的尸检和对受伤人员的伤口、伤道以及器官、组织受损情况的详细检查获得相关武器对人体组织的创伤信息。实验研究包括对活体动物进行的创伤实验研究和对非生物体进行的模拟实验研究。

活体动物实验能较全面地反映人体的各种创伤效应,但是易受实验对象个体性差异的影响,需要进行大量的实验,才能获得统计学上有显著意义的结果。这对研究人员和研究机构来说,在时间和经济上都造成了很大的负担。出于伦理方面的考虑,活体动物实验应该尽可能避免。因此,人们迫切需要寻找替代活体动物的仿真材料(tissue simulants)来进行弹道创伤实验。

较早开始使用的仿真材料是松木板、铝板等,尽管它们能够标定弹体的穿透效能,但由于这些材料与生物组织的结构和性质相差甚远,因此不能全面反映瞬时和永久空腔以及弹体翻滚等特征。水具有性质稳定、透明、密度与肌体组织(含水量 75% ～ 80%)比较接近等特点,而且弹头对肌体组织的许多重要的致伤现象都能够在对水的弹道实验中得到复现。因此，水作为一种仿真材料经常被用在弹道测试中。

肥皂和明胶的密度与肌体组织相当，能够反映弹体在软组织中产生的空腔形状和最大瞬时空腔，因此被应用在创伤弹道的实验研究中。尽管肥皂化学性质稳定，易于保存和方便使用，且能留下定形的空腔，但明胶具有与生物组织相似的弹性，且透明性更好，方便观察弹体的轨迹及弹体碎片的分布。另外，相关的研究表明，在使用明胶块进行弹道实验时，弹体的变形、侵彻深度和弹体碎片的空间分布均能复现活猪腿部肌肉实验中的结果，误差在3%以内，瞬态空腔大小的误差在8%以内。因此，在创伤弹道学的研究中，明胶作为替代活体动物实验的仿真材料被广泛使用。

明胶是一种对来自动物的皮肤、连接组织或骨头的胶原蛋白原料进行水解后得到的蛋白质，是一种非均匀性材料。从不同的胶原蛋白原料得到的样品，其属性（如等电点、分子质量、溶液的黏度以及硬度等）会发生变化。明胶的强度是以Bloom值进行衡量的。Bloom值被定义为一个探针（直径通常为12.7 mm）压入凝胶表面4 mm而不破坏凝胶所需要的力（单位为g）。弹道测试中的明胶Bloom值为250 g。

明胶由于具有与人和动物肌肉组织相似的力学性质，且相比于用动物进行实验或战伤调查研究，明胶更加便利且在伦理上更容易被接受。因此，明胶可作为一种标准靶标用来模拟武器弹药在生物体中的创伤效果，评估武器弹药的终端性能。这种使用在创伤弹道研究中的明胶被称为弹道明胶（ballistic gelatin）。在创伤弹道法医重建过程中，弹道明胶也被用作一个基本的构建材料。当前使用的弹道明胶有两种不同浓度的配制方法，分别是4 ℃下质量分数为10%（Fackler明胶）和10 ℃下质量分数为20%（NATO明胶）的明胶。尽管质量分数为20%的明胶能够在较高温度下使用，但在较宽的应变速率范围内，4 ℃下质量分数为10%的明胶与软组织的力学属性更接近。另外，质量分数为10%的明胶具有更好的透明性，在弹道实验中使用高速摄影技术不仅能观察弹体的运动轨迹、变形以及碎片的分布，还可以测量弹体在明胶中造成的瞬时空腔和永久空腔的大小。

弹道明胶在模拟武器弹药在生物体内的创伤效果时，它的力学和流变性质会直接影响评估结果。本章通过振荡、蠕变、剪切、压缩、侵彻以及切割等力学和流变实验，获得明胶的各种力学参数和材料函数，探索弹道明胶的老化规律、大变形下的本构关系和破裂特征，对弹道明胶的制备标准以及建立测试结果与武器对人体伤害的直接关联具有重要的意义。

5.2　明胶的研究历史

5.2.1　早期的研究

明胶的科学研究开始于 20 世纪初。Leick（1904）研究了明胶凝胶的弹性性质，提出当明胶浓度低于 25% 时，明胶凝胶的杨氏模量与其浓度的平方呈近似线性关系。Sheppard 和 Sweet 等（1921）对 10% ～ 45% 的明胶进行了研究，但没有获得相似的比例关系。Poole（1925）以及 Hatschek（1932）也分别得出明胶凝胶的弹性模量与浓度的平方成正比的结论。Ferry（1948）在关于蛋白质凝胶的综述中，对明胶凝胶性质进行了诸多描述。

5.2.2　胶原蛋白和明胶分子结构的确定

进入 20 世纪 60 年代，科学技术的发展日新月异，新测量仪器和新方法的出现推动了明胶研究的进一步发展。在这一阶段，研究重点开始集中在明胶的微观结构上。通过 X 光散射和电子显微镜技术，人们建立了胶原蛋白的结构模型，每个胶原蛋白分子上的氨基酸序列能够得到清晰呈现。此外，研究人员对胶原蛋白的分子结构功能也进行了深入的研究，分析了影响胶原蛋白结构稳定性的因素。Ward 和 Courts 等（1997）、Josse 和 Harrington（1964）以及 Harrington（1964）的研究结果表明，胶原蛋白结构的稳定性取决于亚氨基酸的含量。Mcclain 和 Wiley 等（1972）从能量的角度考虑，认为胶原蛋白分子的三螺旋结构的稳定性主要是吡咯烷残留量

（pyrrolidine residues）施加的空间位阻限制所决定的。Privalov 等（1970）认为，胶原蛋白分子附近的规则水分子结构对胶原蛋白分子结构的稳定性也起到非常重要的作用。另外，Privalov（1982）在他的综述文章中也讨论了脯氨酸和羟脯氨酸对胶原蛋白三螺旋结构的稳定性的影响。

如前所述，当前普遍接受的胶原蛋白分子是由三个单独的肽链组成的杆状分子，长度大约为 300 nm，每一个肽链分子沿轴环绕成左旋结构，大约每经过三个氨基酸旋转一周，每个肽链分子又相互环绕成右旋的三螺旋结构。明胶是通过对胶原蛋白三螺旋结构进行部分水解后得到的。当温度超过明胶的熔化温度时，明胶以无规线团（random coil）的构象存在于溶液中（sol 态）。随着温度降低，由于无规线团之间氢键和范德华力作用，无规线团会重新形成与胶原蛋白相同的三螺旋结构，明胶从 sol 态向 gel 态转换。当温度再次升高时，先前形成的三螺旋结构会再次分离，明胶从 gel 态向 sol 态转换。这种由温度改变所引起的 sol-gel 转变可以反复进行。因此，明胶凝胶是一种热可逆物理凝胶。

5.2.3　明胶的老化研究

到了 20 世纪 70 年代，随着明胶应用领域逐渐扩大，人们对明胶的研究范围也在不断扩大。这一阶段的研究内容包括明胶在不同温度下的老化现象以及不同浓度下的溶胶 - 凝胶转换动力学等。

明胶的老化研究主要集中在温度和浓度变化引起的明胶 sol-gel（也称为 coil-helix）转换动力学。当温度超过 40 ℃时，明胶分子以无规线团构象的形式存在于水溶液中。当温度降至室温时，无规线团开始向三螺旋结构转变，形成三螺旋核。Flory（1944）提出，鼠尾肌腱胶原蛋白从 coil 向 helix 的回复是仅包含单链临界核的一级动力学过程。Privalov（1982）提出了一个明胶部分复性（renaturation）的机理，如图 5.1 所示。Privalov 的研究结果表明：在低浓度（< 0.1 mg/mL）条件下，所有的链显示与螺旋重生速率的一级相关，而在高浓度（≫ 2 mg/mL）条件下，核是由三条不同的链段作用形成的，成核反应接近三级。

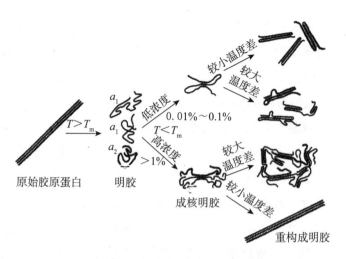

图 5.1　明胶的复性过程原理图

Nijenhuis（1981）通过测量不同温度下的动态模量，研究了质量分数为 1.95% 的明胶（重均分子量为 70 kg/mol）的老化行为，结果如图 5.2 所示。Nijenhuis 发现，在低温下，明胶的老化过程更快，在老化一段时间后，储能模量趋于平衡值；然而，在对数坐标下，即使老化时间超过 100 h，储能模量也并未达到平衡的趋势，而是与对数时间成近似线性的方式增加。Nijenhuis 的研究结果表明，在一定频率范围内（0.3 ~ 40 rad/s），明胶的储能模量与频率无关。该结果表明，实际的交联网络已经形成，其交联密度随时间逐渐增加。

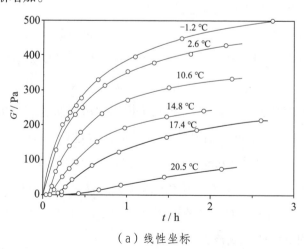

（a）线性坐标

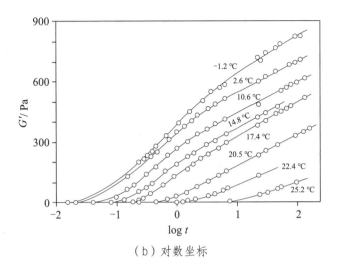

（b）对数坐标

图 5.2　不同温度下，质量分数为 1.95% 的明胶的储能模量

随老化时间的变化（ω=0.393 rad/s）

　　Clark（1987）在对生物聚合物凝胶的结构和力学性质的综述性文章中，详细讨论了生物聚合物的结构、力学属性、无序生物聚合物结构演变等问题，提出了相应的测量仪器方法以及对生物聚合物结构和力学性质进行表述的方法。随后，Djabourov 等（1988）研究了水溶性明胶溶液的凝胶过程，在不同的微观尺度下探索了不同浓度和热处理方式的水溶性明胶溶液的结构变化。他们通过光学旋转的方法研究了蛋白质链的线圈构象和螺旋构象之间的转变，然后利用电子显微镜分析了凝胶网络的超分子结构，借助核磁共振研究了溶剂的作用，并给出了基于现象逻辑的明胶螺旋构象的动力学分析，他们还对水溶性明胶在溶胶和凝胶转换时的流变性质进行了研究。另外，明胶溶液的溶胶和凝胶转变机理、剪切模量与分子量、浓度和温度的关系也得到了深入的研究。Tosh 等（2003）通过流变实验和动态光散射两种方法对明胶凝胶的微观结构的老化动力学机理进行了深入的研究。

　　Normand 等（2000）在小振幅振荡模式下研究了不同浓度、不同分子质量分布和不同温度下明胶溶液的凝胶化过程，将该过程分成四个阶段，如图 5.3 所示。

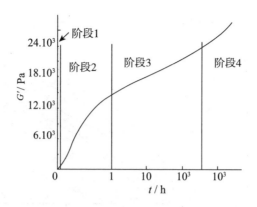

图 5.3 明胶老化的四个阶段

第一阶段，明胶处于 sol 状态，耗散模量 G'' 大于弹性模量 G'。第二阶段，明胶进入 gel 状态，G' 和 G'' 快速增加，表明在交联区快速形成凝胶结构。第三阶段（1～100 h），G' 缓慢增加，并与对数时间成线性关系，这与 Nijenhuis 的实验结果是一致的。取决于样品的分子质量分布、温度和浓度，第三阶段会持续数百小时不等。在非常长的老化时间（大于 300 h）下，G' 增加的速率大于第三阶段，这个阶段称为第四阶段。第四阶段的变化可能是由凝胶真正的结构变化造成的，也有可能是由于样品浓度轻微的增加引起的。图 5.4 给出了不同温度下，同一浓度的明胶老化过程，结果表明，温度越低，明胶老化过程越快。同样，该结论与 Nijenhuis 的实验结果是一致的。另外，Normand 等还提出了一个二级反应动力学模型，该模型对明胶的初期凝胶化实验结果给出了较好的预测。

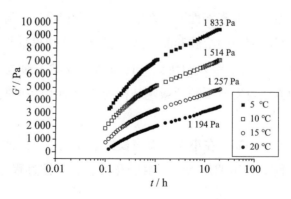

图 5.4 四个不同温度下，质量分数为 6.66% 的样品的凝胶动力学

　　Liang 等（2003）使用旋光实验方法研究了半稀明胶溶液的三螺旋回复过程。他们提出三螺旋的形成需要两个步骤：成核（nucleation）和包裹（wrapping）。其中，成核过程比包裹过程要缓慢。因此，成核过程是速率决定步骤，决定了反应的阶次。

　　表 5.1 给出了可能的一级、二级和三级回复的临界核结构。Liang 等的实验结果表明，明胶的回复过程是一阶和二阶动力学的联合。他们提出了在一个多肽结构中三螺旋形成的新的两步机理：两个螺旋肽链缠绕形成核，随后另外一条无规链段在核周围快速包裹形成三螺旋结构。超过临界长度的三螺旋结构会保持稳定，更短的螺旋结构则在形成后会立即再融化（remelt）。

表 5.1　可能的临界核结构

肽链数量	一级临界核结构	二级临界核结构	三级临界核结构
1 条肽链		—	—
2 条肽链			—
3 条肽链			

　　Liang 等认为，两条肽链成核机理更适合描述与浓度相关的 coil-helix 回复过程。在稀溶液中，起主导作用的是单链回绕螺旋。在半稀溶液中，单链回绕螺旋和非单链回绕螺旋共同存在。在浓溶液中，起主导作用的是非回绕螺旋。图 5.5 给出了两条无规线团成核机理的三螺旋形成原理图。

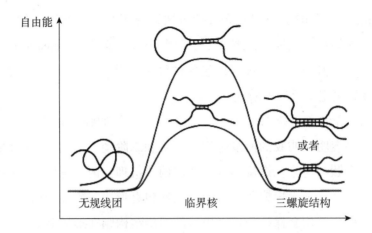

图 5.5 两条无规线团成核机理的三螺旋形成原理图

当前，对于质量分数为 2% ～ 10% 的明胶，其凝胶动力学或老化过程的表示主要采用二级反应动力学模型。对于低浓度的明胶（质量分数 <2%）则使用一级或者一级和二级联合的模型进行描述。Chen 等（2009）使用有限元方法研究了明胶的 coil-helix 转变过程由于温度场的不均匀和非定常性引起的结构非均匀性（structural inhomogeneity）对明胶的力学、光学性质的影响。

明胶老化过程对应着其结构从黏弹性网络向弹性网络的转变。如前所述，在 sol 态，明胶以无规多肽线团形式存在于溶液中。当温度冷却至 sol-gel 转变温度以下时，溶液中无规多肽线团交联形成热可逆物理凝胶，其微观结构为刚性的三螺旋交联网络区，分散在剩余的柔性多肽链之间。明胶凝胶的弹性来自交联网络，无规多肽线团则贡献黏弹性行为。随着老化时间的变长，剩余的无规线团会逐渐加入交联网络结构中，明胶的黏弹性行为减弱。但是，随着交联区的生长，内部结构几何阻挫显著增加，无规线团加入交联网络会变得越来越困难。由此可见，明胶凝胶由黏弹性固体向弹性固体转变是一个极其漫长的过程，持续时间可达数月之久。

5.2.4 弹道明胶的研究历史和现状

早期使用明胶作为组织仿真物来建模弹道信息的尝试可以追溯到 20

世纪 50 年代，这些模型使用各种方法来测量子弹穿越明胶块时的动能变化。Coates（1962）是第一个把明胶作为弹道仿真物的研究者，他使用的是 24 ℃下质量分数为 20% 的明胶。1979 年，Kokinakis 等（1979）在使用 30 cm 的明胶块、Dynafax 高速摄影机和计算机计算程序的基础上，提出了一个更复杂的数学模型来描述期望动能（expected kinetic energy）。

在 20 世纪 80 年代中期，Letterman Army Institute of Research（LAIR）的研究者开始在专业期刊发表基于弹道研究模型的论文。这些研究主要基于测量弹体轨迹以及弹体和组织之间的相互作用。LAIR 的研究者同时使用活猪（50 ~ 70 kg）和明胶块进行弹道测试并对各自的测试结果进行比较。他们使用了 4 ℃下质量分数为 10% 的明胶配方，在后续的研究中，他们对该配方进行了一些改进。研究者使用计时器来测量弹体的速度，用双平面 X 射线来确定弹体和碎片的位置。测试完毕后，他们会沿着弹体轨迹切开明胶块来测量侵彻深度、永久空腔和临时空腔大小。

Berlin 等（1993）提出了使用质量分数为 20% 的明胶溶液，在 4 ℃的环境下至少保持 72 h 的方法。一些武器研究所和相关弹道研究室也提出了另外的配制方法。由于存在不同的配制方法和工艺流程，人们必须对弹道明胶的准备过程中相关的一些影响因素给出定量的描述。Post 和 Johnson（1995）是最先开始这一方面研究的学者，但限于当时的实验条件，他们所获得的结论并没有普遍性。在此之后，其他一些研究者也开始了这一方面的研究，研究内容主要包括：配制过程中的水温和水的酸度是否对明胶的性质有重要影响；不同批次的明胶性质是否有较大差别；冷却时间的延长是否使明胶变得更硬；如何定义一个标准的侵彻函数和弹道明胶的配制流程。Jussila（2005）对弹道明胶的各种配制方法给出了一个综述性讨论，并给出了一个标准的配制流程。他认为，配制过程中水温和水的酸度的差别对明胶性质的影响可以忽略，最后他提出了一个侵彻函数来评价明胶的质量。Cronin 和 Falzon（2011）使用压缩和侵彻实验研究了温度、老化时间和应变速率对质量分数为 10% 的弹道明胶的影响，发现失效应力随应变速率的增加而增加。根据这些研究结果，明胶样品需老化 48 h 以上再进行相关的弹道实验。不过，目前国内用于弹道实验的明胶样品老化时间为 24 h。

之后，一些研究者开始研究不同应变速率下弹道明胶的力学性质。由于明胶凝胶是一种黏弹性固体，它的力学性质是和应变速率相关的。在准静态实验下，明胶的强度基本不变。当应变速率增大后，明胶的强度也随之增大。在实际的弹道测试中，弹体进入生物组织中的速度是非常快的。因此，在弹道明胶的力学测试中，研究重点集中在高速剪切或压缩实验中。通常，流变仪或者黏度仪能实现剪切速率在 1 000 s⁻¹ 以下的剪切实验，高剪切或高压缩的明胶实验则需要使用分离式的霍普金斯压力杆（split Hopkinson pressure bar, SHPB）来完成。从传统的使用来看，由金属制成的分离式的霍普金斯压力杆主要用于测量高波阻抗材料的力学性能，如金属和陶瓷等。因为明胶凝胶体与金属相比是一种比较软的材料，具有很低的波阻抗，因此用金属杆来测量明胶的力学性质是不合适的。目前有两种方法被采用：一种是 Song 和 Chen（2004）提出的中空金属杆，另外一种是 Liu 和 Subhash（2006）以及 Zhao 等（1997）使用的聚合物分离式的霍普金斯压力杆（polymer split Hopkinson pressure bar, PSHPB）。

Salisbury 和 Cronin（2009）运用 PSHPB 测试了不同变形速率下的弹道明胶力学行为，结果表明质量分数为 10% 的弹道明胶是一种对应变速率高度敏感的超弹性材料，实验结果如图 5.6 所示。

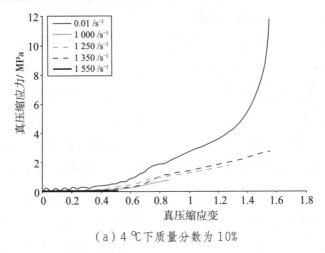

（a）4 ℃下质量分数为 10%

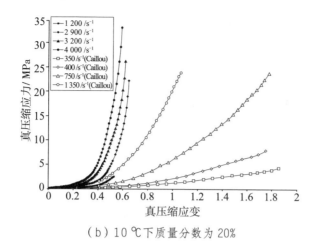

（b）10 ℃下质量分数为 20%

图 5.6 不同应变速率下，弹道明胶的应力—应变曲线

之后，Kwon 和 Subhash（2010）分别使用 MTS 仪器和 PSHPB 研究了准静态和动态（应变速率范围为 2 000 ～ 3 200 s⁻¹）加载下弹道明胶的单轴压缩应力—应变响应，实验结果如图 5.7 所示。实验结果表明，在准静态压缩下明胶的压缩强度保持不变，但在高应变速率下，压缩强度从 3 kPa（应变速率约为 0.001 3 s⁻¹）增加到 6 MPa（应变速率约为 3 200 s⁻¹）。Kwon 和 Subhash 提出，明胶对应变速率的敏感性主要归因于它的剪切增稠行为，这种行为可以从明胶的微观结构和能量的角度来解释。

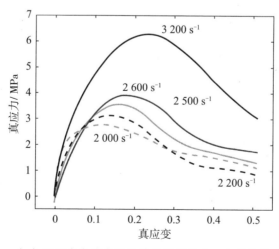

（a）不同应变速率下的动态测试应力—应变曲线

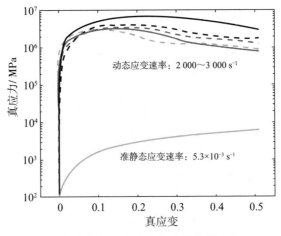

（b）准静态下和动态实验的结果比较

图 5.7　弹道明胶的单轴压缩应力—应变响应

与国外研究相比，国内对弹道明胶的创伤弹道研究起步较晚，但在近二十年，国内的研究人员在该领域取得了较大的进展。刘坤等（2012）根据弹头在明胶中的运动特点，结合明胶的力学特点，建立了弹头侵彻明胶的二维运动模型。莫根林等（2013）提出了弹头侵彻过程中的表面受力模型，研究了步枪弹头侵彻明胶的平移翻滚规律。Li 等（2014）使用弹道明胶的黏弹性模型研究了侵彻过程中的冲击波响应。Luo 等（2016）研究了弹道明胶瞬态压力对瞬时空腔的影响。温垚珂等（2012）采用有限元方法对步枪弹头侵彻明胶靶标的过程进行了数值模拟，揭示了步枪弹与明胶的相互作用过程及作用机理。郭凯（2014）通过数字图像处理的方法，建立了毁伤空腔模型。金永喜等（2014）利用相似理论建立了明胶靶标与肌肉目标瞬时空腔最大直径等效性模型。黄珊等（2013）通过实验揭示了典型小口径枪弹侵彻明胶过程中压力波的特性。

综上所述，明胶作为组织仿真物在弹道测试中得到了广泛的应用。明胶模型为实现弹道实验的完整可视化提供了非常好的环境。在测试中，使用高速摄影机可以清晰地观察弹体的轨迹、侵彻深度、碎片分布、变形以及形成的永久空腔和瞬态空腔等，这些信息为研究创伤机理和改进轻武器的设计提供了非常有价值的参考。

5.3 弹道明胶老化初级阶段的模型

5.3.1 概述

1. 明胶的 sol-gel 转换与老化

明胶是一种功能性的生物聚合物，是对胶原蛋白进行部分水解后得到的。胶原蛋白分子是由三个单独的肽链相互环绕成右旋的三螺旋结构的杆状分子。在水解过程中，胶原蛋白的三螺旋结构分离，形成三条单独的肽链，如图 5.8 所示。

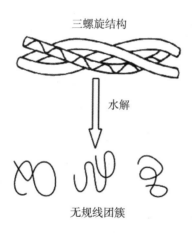

三螺旋结构

水解

无规线团簇

图 5.8 胶原蛋白的水解过程

温度变化会引起明胶的溶胶—凝胶之间的相互转换。图 5.9 显示了明胶的 sol-gel 转换原理图。对于质量分数为 10% 的明胶，温度超过 40 ℃会形成一种低黏度的溶液，明胶以无规线团构象的形式存在于溶液中。当温度降至室温时，溶液中的无规线团会重新形成三螺旋结构，溶液转变成一种透明的具有弹性的热可逆物理凝胶。如果温度再次升高，三螺旋结构会再次分离，重新形成无规线团。

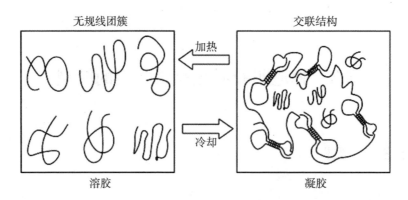

图 5.9　明胶的 sol-gel 转换原理图

　　明胶的凝胶结构是处于热力学非平衡态的，在温度保持恒定的条件下，其物理属性随时间的演化可达数月之久。这个过程通常称为明胶的老化。

　　明胶的老化行为可以从微观结构进行解释，如图 5.10 所示。明胶经历由溶胶向凝胶的转变时，溶胶结构中的无规线团会形成三螺旋的交联结构。然而，这种转变并不是立即完成的，它可以分成两个阶段：第一阶段，溶胶中一部分无规线团快速形成三螺旋的交联网络结构（弹性网络结构），同时形成新的交联，该阶段的特征是明胶的弹性模量随老化时间快速增大，这个过程称为明胶的快速老化阶段，持续时间约为 200 min，第二阶段为明胶的对数老化阶段，即明胶弹性模量与时间的对数成线性关系，这个阶段会持续几百个小时，过程中没有新的交联形成，只是由剩余的无规线团随时间逐渐连接到先前形成的交联结构中，明胶的弹性模量随时间逐步增大。交联的生长会引起结构几何阻挫的增加，使老化过程越来越缓慢。从这种意义上讲，明胶凝胶可以看作一种物理变换网络结构，它的老化过程对应着其结构从黏弹性网络向弹性网络转换。

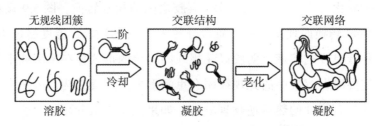

图 5.10　冷却和老化过程中明胶的微观结构的变化

2. 明胶老化研究存在的问题

在以前的研究中，明胶老化过程起点的确定是比较模糊的，人们对明胶老化的研究通常是在低于明胶 sol-gel 转换的温度下进行的。然而，明胶样品的加载需要在液态下完成，这使每一个温度下的明胶老化实验必须先经历一个降温过程，然后在恒温下进行明胶弹性模量的测量。也就是说，在明胶老化实验进行之前，明胶已经完成了 sol-gel 转换并具有一个初始模量值。Nijenhuis、Normand 等均取 sol-gel 转换点的弹性模量（近似为1 Pa）作为老化起点，但这样就不是恒温的老化模型了。

此外，以前人们对明胶凝胶老化行为的研究都是在准静态条件下进行的。印刷油墨的老化行为研究表明，施加大的剪切作用能够消除老化的影响，使油墨年轻化。为了更完整地探讨明胶的老化行为，本节借鉴研究油墨老化的方法，研究剪切过程对明胶老化行为的影响，并以应变能密度定量描述这种影响。

本节拟对上述两个存在的不足开展相关的研究，通过研究降温过程中明胶弹性模量与温度的关系，确定明胶等温老化条件下的起点。在此基础上，本节根据二级反应动力构建一个描述弹道明胶在老化初级阶段（小于24 h）的弹性模量演化模型，通过对模量和时间进行无量纲化，可将不同温度下的老化曲线叠加成一条主曲线。最后，本节研究了剪切作用对弹道明胶凝胶老化过程的影响。

5.3.2　弹道明胶溶液的流变性质

弹道明胶样品是由青海明胶股份有限公司生产的 B 型猪皮明胶（Bloom强度值为 250 g），其重均分子量为 150 000 g/mol。质量分数为 10% 的弹道明胶的制备过程如下：将称量好的明胶颗粒和去离子水混合，在室温下持续溶胀 30 min；将混合物放入 60 ℃的真空干燥箱内，每隔 15 min 搅拌一次（搅拌时间为 1 min），持续三次；最后，将配制好的明胶溶液存放在40 ℃的真空干燥箱中。明胶样品溶液的 pH 为 6.5，等电点为 4.9。为了防止样品水分蒸发，在制备过程以及存放期间，配置明胶溶液的容器均用塑料包装膜封住。另外，为了避免样品在存放期间被细菌污染，每次实验之前样品都需重新配制。

实验使用的是 Bohlin Gemini-200 旋转流变仪，采用平板测量系统，直径为 25 mm，间距为 2 mm。由于旋转流变仪的 ETC 控温单元的控温范围为室温～300 ℃，为了完成弹道明胶的低温实验（4～24 ℃），本节自行搭建了一个循环冷却系统（Julabo F25-HE，温度稳定性为 ±0.02 ℃）取代原来的 ETC 单元进行低温实验。实验从循环冷却系统引出两条循环水通道连接到自制的底板（有两个通孔），通过调节水浴的温度来控制底板的温度，如图 5.11 所示。实验测量显示，底板中心与边缘的温度差小于 0.1 ℃，能够满足实验要求。环境温度利用空调进行调节（保持在 22 ℃）。

明胶样品的加载是在溶液状态下完成的：首先，将流变仪的温度设置在 35 ℃，然后开始样品加载；接下来，采用水浴控温降至预设温度，并保持恒定。为了避免实验过程中样品的蒸发，样品的周围涂抹了一层很薄的硅油（运动黏度为 5×10^{-4} m²/s）。实验在 4～24 ℃选择 5 个温度进行弹道明胶的老化实验，从平衡熔点到目标温度的冷却过程大约需要 490 s。在降温过程中，冷却速率从开始时的 0.26 K/s 逐渐下降。

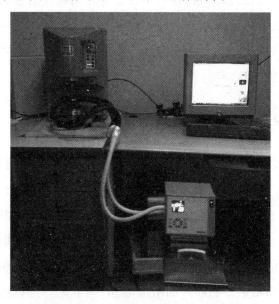

图 5.11　自行搭建的温度控制系统取代仪器原有的 ETC 控温单元

在一定频率范围内，明胶凝胶的弹性模量几乎与频率变化无关。因此，实验可以选择这个范围内的任意频率值来研究明胶的老化行为。然而，频率的选择又必须考虑样本结构变化的快慢，使对应的速率大于明胶的老化速率。综合考虑后，实验选择振荡频率为 1 Hz，应变幅值取 1%，该幅值位于明胶凝胶的线性黏弹性区。

1.黏度与温度的关系

图 5.12 显示了弹道明胶溶液的黏度与温度之间的关系（温度范围为 35~90 ℃）。黏度与温度的关系通常可以用 Arrhenius 方程描述：

$$\eta = A\mathrm{e}^{\Delta E / RT} \tag{5.1}$$

式中，常数 A 的值为 5.34×10^{-5} Pa·s；活化能 ΔE 为 18 000 J/mol；R 为气体常数 [（J/mol·K）]；T 为绝对温度（K）。Bohider 和 Jena（1994）在研究质量分数为 10% 的明胶黏度时，获得的 $A=1.59 \times 10^{-5}$ Pa·s，ΔE 为 38 000 J/mol，这可能是由于明胶分子量的差异导致黏度的差异。

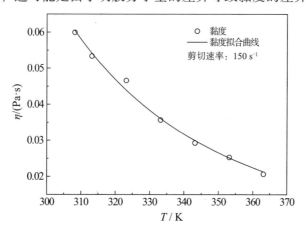

图 5.12　明胶黏度与温度的关系

2.黏度与剪切速率的关系

在 32 ℃以上时，明胶溶液表现出牛顿流体的性质，黏度与剪切速率无关；在 30 ～ 32 ℃时，明胶溶液表现出非牛顿流体的性质，黏度随剪切速率的增大而减小。实验结果如图 5.13 所示。

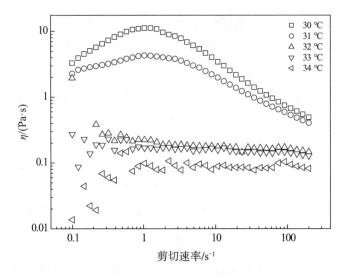

图 5.13　不同温度下，明胶黏度与剪切速率的关系

3.sol-gel 转换温度

图 5.14 显示了分别采用模量—温度扫描和黏度—温度扫描两种方法测量明胶 sol-gel 转换点的结果。从图 5.14 中可以看出，明胶的模量和黏度随着温度降低而逐渐增大，在 301 K 附近模量和黏度都快速增大，且弹性模量超过黏性模量。据此，可以把 301 K（28 ℃）作为明胶的 sol-gel 转换温度（平衡熔点）。

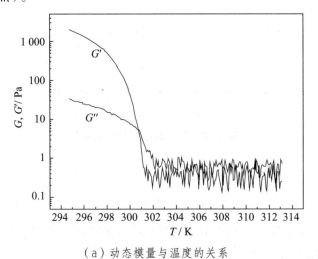

（a）动态模量与温度的关系

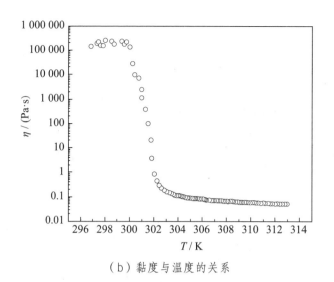

（b）黏度与温度的关系

图 5.14　sol–gel 转换实验结果（频率为 1 Hz）

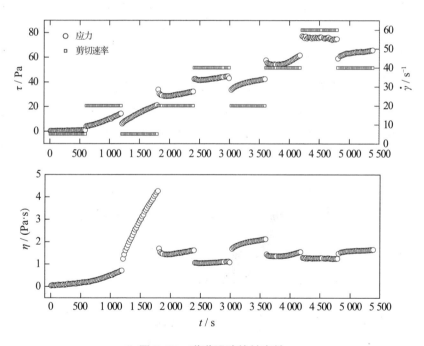

图 5.15　弹道明胶的触变性

质量分数为 10% 的明胶在液—固转换附近有很强的触变性（剪切破坏内部大结构，剪切停止或减弱，大结构又逐渐恢复），如图 5.18 所示。明胶的触变性表现为，在阶跃变化的剪切速率作用下，明胶的黏度是可以逆转的。

5.3.3　老化起点的确定

由于低导热系数 [0.192 4 W/（m·K）]，明胶样品在 coil-helix 转变过程中温度场分布的不均匀性和非稳态性会导致样品结构的非均匀性。这种结构非均匀性会影响明胶中三螺旋交联形成的动力学模型。

从弹道明胶的实际应用出发，明胶的热历史可分为冷却和恒温下的储存两个阶段。由于实验中所用的明胶样品是 2 mm 的薄层，因此可忽略温度在空间上的非均匀性，重点分析恒温状态下的明胶老化行为。在实验中，由于水浴惯性很大，为了避免实验温度的往复振荡，本节将水浴温度设置为目标温度，冷却速率随着实时温度与目标温度的差的减小而逐渐降低，这一过程称为正常冷却过程。然而，降温过程的快慢会显著影响达到目标温度时明胶的初始模量 G_0'。如前所述，在以往的研究中，关于初始模量的确定和依据很模糊，有人取 sol-gel 转换点的弹性模量（近似为 1 Pa），但这样就不是恒温的老化模型了。为了确定老化的初始模量，本节进行了快速冷却实验：将水浴温度设为 −2 ℃来提高冷却速率。图 5.16 显示了五个实验温度下正常冷却过程和一组快速冷却到 4 ℃过程中，明胶弹性模量与温度的变化关系。

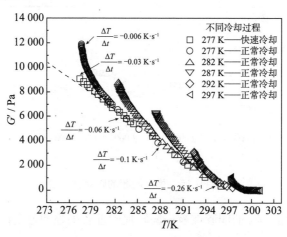

图 5.16　不同冷却速率过程，明胶弹性模量与温度的关系

从图 5.16 可以看出，经过快速冷却过程到达目标温度 4 ℃时的明胶的弹性模量（8 900 Pa）远小于正常冷却过程得到的弹性模量（11 800 Pa）。另外，随着冷却速率的提高，明胶的弹性模量与温度的线性关系越明显，线性区范围越大。在温度从 26 ℃（299 K）下降到 4 ℃（277 K）的过程中，冷却速率从 0.26 K/s 下降至 0.03 K/s，明胶的弹性模量与温度保持近似线性关系。

本节采用快速冷却得到的模量—温度线性关系确定明胶老化的初始模量 G_0'（结果见表 5.2），用冷却速率 0.26 K/s 确定对应温度下的老化时间起点（$t=0$）。在实验的正常冷却过程中，达到目标温度时测得的模量作为相应时间差下的第一个老化模量。Normand 等（2000）的研究中也采用了明胶的初始模量与温度的线性关系。这种线性关系并没有对冷却过程中明胶结构的变化给出具体的物理解释，只是为建立的等温老化模型提供了初始模量和时间的起点。

表 5.2　弹道明胶二级动力学模型的特征参数

T/K	G_0'/Pa	G_a'/Pa	k/min^{-1}
277	8 600	13 400	2.3×10^{-2}
282	6 500	11 300	2.1×10^{-2}
287	4 400	9 600	1.9×10^{-2}
292	2 200	8 000	1.6×10^{-2}
297	200	6 400	1.0×10^{-3}

5.3.4　用弹性模量表示老化过程

如前所述，拉伸指数模型能够很好地描述油墨的自由老化过程。相似地，明胶的自由老化过程也可用弹性模量来表示。不同温度下弹道明胶的弹性模量随老化时间的变化如图 5.17（a）所示。

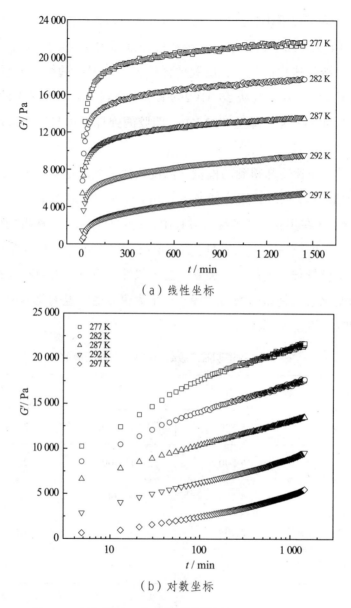

（a）线性坐标

（b）对数坐标

图 5.17　不同温度下明胶的弹性模量与老化时间的关系

　　从图 5.17（a）可以看出，明胶的弹性模量对温度变化非常敏感，温度越低，弹性模量增长越快。在不同温度下，明胶的弹性模量随老化时间的变化趋势是相似的。在前 200 min 内，弹性模量随时间增加得非常快。在这一段时间，明胶凝胶的连接区域已经形成，单位体积内的交联密度显著增多，凝胶结构变得越来越坚固。这段时间称为明胶的快速老化阶段。随后，凝胶的弹性模量的变化趋势变得缓和，凝胶单位体积内交联密度的增加趋势变得缓慢。

从线性坐标所表达的信息来看，老化时间超过 500 min 后，明胶弹性模量的变化非常小，可认为已接近平衡。然而，在对数坐标中，实验数据显示明胶的弹性模量还远没有达到平衡状态，如图 5.17（b）所示。当老化时间超过 200 min 后，明胶弹性模量与对数坐标下的老化时间成近似线性关系，明胶进入对数老化阶段。

根据相关文献可知，二级反应动力学模型可以用来表示明胶的初期老化阶段，即老化时间小于 24 h；而在 24～200 h 内，可用模量与对数时间成线性的关系进行表示。对更长的老化时间，人们很难获得准确的实验数据，相应的研究开展得很少。本节研究的模型仅适用于弹道明胶的初期老化阶段。

5.3.5 弹性模量与温度的关系

前面分析了不同温度下弹道明胶弹性模量与老化时间的关系。接下来分析不同老化时间下，明胶弹性模量和温度之间的关系。实验结果如图 5.18 所示。

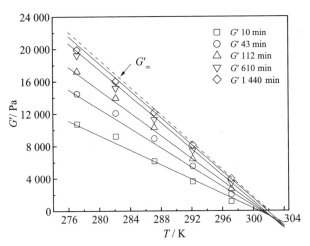

图 5.18 固定老化时间下，明胶的弹性模量与温度的关系

从图 5.18 可以看出，对于一个固定老化时间，明胶的弹性模量与温度成近似线性关系，模量—温度曲线近似交汇于 301 K 处。弹性模量接近于零是明胶平衡熔点（sol-gel 转换点）的特征。依据上面的观察，在固定的老化时间下，明胶的模量—温度关系可表述为

$$G'(t,T) = -a(t)(T - T_\mathrm{m})$$ （5.2）

式中，$a(t)$ 为图 5.18 中拟合直线斜率的绝对值，是老化时间的函数；$T_\mathrm{m} = 301$ K，接近弹道明胶溶液的平衡熔点。$a(t)$ 与老化时间的关系如图 5.19 所示，可用如下指数函数描述：

$$a(t) = a_\infty - b\exp(-t/t_0)$$ （5.3）

式中，$a_\infty = 860$ Pa/K，$b = 395$ Pa/K，$t_0 = 150$ min。明胶的老化过程一直在持续，实验并未检测到老化平衡模量。这里的 a_∞ 只是为了后面建立初级阶段模型而假设的一个参数，由此可得到图 5.18 中虚线所示的明胶的近似最终模量 $G'_\infty(T)$。

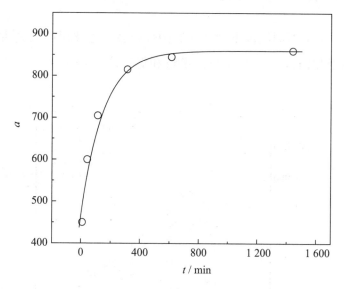

图 5.19 $a(\mathrm{t})$ 与老化时间的关系

随着老化时间的增加，模量的变化越来越缓慢。在 4 ℃下，当老化时间超过 500 min 后，明胶弹性模量的变化率为 2 Pa/min，而且在接下来的

200 min 里，弹性模量的相对变化小于 3%。

5.3.6　二级动力学老化模型

化学动力学（chemical kinetics）属于化学的一个领域，主要研究化学反应发生的速率或者速度。根据热力学第二定律推导出的 Gibbs 自由能可以判断一个化学反应能否自发发生。然而，在实际应用中，一个自发发生的化学反应进行的快慢也是非常重要的。例如，葡萄糖的氧化反应为

$$C_6H_{12}O_6 + 6O_2 \longrightarrow 6H_2O + 6CO_2, \Delta H = -2\,816\,kJ/mol \qquad （5.4）$$

从上面的热化学反应方程可以得到标准生成焓 ΔH，$\Delta H < 0$ 说明该反应是放热反应。根据 Gibbs 自由能方程，有

$$\Delta G = \Delta H - T\Delta S \qquad （5.5）$$

计算得到 $\Delta G = -2.855\,kJ/mol < 0$，表明葡萄糖的氧化反应是自发进行的。但在正常的情况（1 atm, 20 ℃）下，该自发反应的速度是非常慢的，释放的能量无法满足生物体对能量的需求。因此，该反应需要蛋白质酶进行催化，从而提高反应速率，加快能量的释放。从这个例子可以看出，化学反应的速率对生命过程是至关重要的。另外，在化工领域，工业化学家更加关注如何加快化学反应的速率而不是获得反应的最大产能。

化学动力学的研究主要通过实验方法进行。大量的实验结果表明，化学反应的速率正比于反应物的浓度，这个比例常数称为速率常数（rate constant）。速率定律（rate law）表达了速率常数和反应物浓度之间的关系。对于一般的化学反应

$$aA + bB \longrightarrow cC + dD \qquad （5.6）$$

速率定律可以表示为

$$rate = k[A]^m[B]^n \qquad （5.7）$$

式中，k 为速率常数；[A] 和 [B] 分别为反应物 A 和 B 的浓度；m 和 n 为指数，它们的值需要通过实验确定，可以是正负整数或分数。反应物和生成物的浓度单位用物质的量浓度（mol/L）表示。化学反应总的阶（overall reaction order）定义为速率定律中所有反应物浓度的指数之和。对于式（5.6）的化学反应，根据式（5.7），它的反应阶为 $m+n$。化学反应的阶的另外一种表述方法是针对单个反应物的，对于式（5.7），可以表述为反应物 A 是 m 阶，反应物 B 是 n 阶，总的阶为 $m+n$。

从前面的分析可知，根据速率定律，我们不仅可以通过已知的速率常数和反应物浓度计算反应的速率，还可以确定反应进行一段时间后反应物的浓度，具体的计算过程取决于化学反应的阶。通常，化学反应可分为零阶、半阶、一阶、二阶、三阶和高阶。

对于零阶反应，速率定律可表述为

$$rate = k \qquad\qquad (5.8)$$

这说明反应的速率是常数，与反应物的浓度无关。

半阶反应的速率定律可表述为

$$rate = k[A]^{1/2} \qquad\qquad (5.9)$$

一阶反应的速率定律可表述为

$$rate = k[A] \qquad\qquad (5.10)$$

二阶反应比较复杂，一般可以分成两种不同的形式，即 A → 生成物和 A + B → 生成物，分别对应如下的反应速率：

$$rate = k[A]^2 \text{ 或者 } rate = k[A][B] \qquad\qquad (5.11)$$

一阶和二阶反应是比较常见的化学反应类型，零阶和半阶反应比较少见。三阶和更高阶的反应非常复杂，这里不进行展开讨论。接下来对一阶反应和二阶反应求反应进行一段时间后反应物的浓度。

对于一阶反应，根据速率定律，有

$$rate = -\frac{d[A]}{dt} = k[A] \qquad\qquad (5.12)$$

求解该微分方程可以得到

$$\ln[A]_t = -kt + \ln[A]_0 \qquad\qquad (5.13)$$

式中，$[A]_0$ 和 $[A]_t$ 分别为 $t = 0$ 时刻和 $t = t$ 时刻反应物 A 的浓度。

对于如下二阶反应：

$$A + B \longrightarrow 生成物 \tag{5.14}$$

根据速率定律，有

$$\frac{d[A]}{dt} = -k[A][B] \tag{5.15}$$

设 $[A]_0$ 和 $[B]_0$ 分别为反应物 A 和 B 的初始浓度。根据反应化学计量，当反应物 A 的浓度降低到 $[A]_0 - x$ 时，反应物 B 的浓度也降低到 $[B]_0 - x$，则式（5.15）可以写成

$$\frac{d[A]}{dt} = -k([A]_0 - x)([B]_0 - x) \tag{5.16}$$

因为 $[A] = [A]_0 - x$，且

$$\frac{d[A]}{dt} = -\frac{dx}{dt} \tag{5.17}$$

所以将式（5.17）代入式（5.16）中，可以得到

$$\frac{dx}{dt} = k([A]_0 - x)([B]_0 - x) \tag{5.18}$$

设初始条件为 $t = 0$ 时，$x = 0$，可得

$$x = \frac{[A]_0 \exp\left[\left([A]_0 - [B]_0\right)kt\right] - 1}{\dfrac{[A]_0}{[B]_0} \exp\left[\left([A]_0 - [B]_0\right)kt\right] - 1} \tag{5.19}$$

或者用反应进行到 t 时刻时反应物 A 和 B 的浓度表示

$$\ln\left(\frac{[B]/[B]_0}{[A]/[A]_0}\right) = \left([B]_0 - [A]_0\right) \tag{5.20}$$

根据 Normand 等（2000）的分析，明胶三螺旋的交联过程是由一条回折成环的 α 链和另外一条直的 α 链相互作用形成的，交联点具有四个自由端，也就是四个官能度（functionality）。明胶交联的形成过程可以用如下的化学方程式表示：

$$A + B \underset{k_2}{\overset{k_1}{\rightleftharpoons}} C \qquad (5.21)$$

式中，A 为线性 α 链；B 为弯曲的 α 链；C 为形成的具有四个官能度的三螺旋连接区；k_1 和 k_2 分别为交联形成和熔解的速率常数。

根据二阶反应的速率定律，可以得到如下微分方程：

$$\frac{dX}{dt} = k_1(a_0 - X)(b_0 - X) - k_2 X \qquad (5.22)$$

式中，X 为交联浓度；a_0 和 b_0 分别为反应场所的浓度，$a_0 + b_0 = Nr$，N 为交联网络中明胶的链数，r 为每条链上的结构单元数。在这个模型中，a_0 和 b_0 的比例为 2 : 1。通过对式（5.22）右边部分进行整理，可以得到如下形式：

$$\frac{dX}{dt} = k_1(X - p)(X - q) \qquad (5.23)$$

式中，

$$p = \frac{k_1(a_0 + b_0) + k_2 + \sqrt{k_1^2(a_0 - b_0)^2 + 2k_1 k_2(a_0 + b_0) + k_2^2}}{2k_1} \qquad (5.24)$$

$$q = \frac{k_1(a_0 + b_0) + k_2 - \sqrt{k_1^2(a_0 - b_0)^2 + 2k_1 k_2(a_0 + b_0) + k_2^2}}{2k_1} \qquad (5.25)$$

对式（5.23）进行变量分离，方程两边同时进行积分，得到

$$\int \frac{dX}{(X - p)(X - q)} = \int k_1 dt \qquad (5.26)$$

将式（5.26）的左边按部分分式进行展开，得到

$$\frac{1}{p - q} \int \left(\frac{1}{X - p} - \frac{1}{X - q} \right) dX = k_1 t + c \qquad (5.27)$$

求解式（5.27），得

$$\ln \frac{X - p}{X - q} = (p - q)(k_1 t + c) \qquad (5.28)$$

根据初始条件，当 $t = 0$ 时，$X = 0$，可以计算出常数

$$c = \frac{1}{p-q}\ln\frac{p}{q} \qquad (5.29)$$

联立式（5.28）和式（5.29），解得

$$X = p\frac{1-\exp[k_1(p-q)t]}{1-\dfrac{p}{q}\exp[k_1(p-q)t]} \qquad (5.30)$$

下面对式（5.30）进行适当的简化以方便使用。在反应的初始阶段，正向反应速率起主导作用，也就是说，明胶老化的初始阶段主要是交联点的生成，交联的熔解则占非常小的比例。为了简化计算，不考虑反方向的速率常数，即假设 $k_2 = 0$。然后根据式（5.24）和式（5.25），计算出 $p=a_0$，$q=b_0$。另外，已知在使用二阶反应模型时，a_0 和 b_0 的比例为 2 : 1。将这些条件代入式（5.30）中，方程可以简化为如下的形式：

$$X = 2b_0\frac{1-\exp(k_1b_0t)}{1-2\exp(k_1b_0t)} \qquad (5.31)$$

将指数按一阶近似展开，得到

$$X = b_0\frac{2k_1b_0t}{1+2k_1b_0t} \qquad (5.32)$$

根据 $a_0+b_0=Nr$ 和 $X(t)=\alpha(t)Nr$，可以求出反应度 $\alpha(t)$ 的表达式为

$$\alpha(t) = \frac{1}{3}\left(\frac{2k_1b_0t}{1+2k_1b_0t}\right) \qquad (5.33)$$

依照前面的分析可知，$a_0 : b_0 =2 : 1$，且 $a_0 + b_0 = Nr$。因此，b_0 占总体结构单元的三分之一。并且，一个属于 b_0 的结构单元需要 2 个属于 a_0 的结构单元配对来形成具有四官能度的三螺旋结构。这说明当所有属于 b_0 的结构单元（三分之一的总体结构单元）参与到三螺旋结构形成过程中时，总体的反应就完成了。同样，若用 a_0 表达反应度 $\alpha(t)$，则有

$$\alpha(t) = \frac{2}{3}\left(\frac{k_1a_0t}{1+k_1a_0t}\right) \qquad (5.34)$$

这也说明当所有属于 a_0 的结构单元（三分之二的总体结构单元）参与三螺旋结构形成过程时，总体的反应就完成了。

从式（5.33）和式（5.34）中可以看出，反应度的表达式取决于明胶分子链的结构单元的分配方式。为了完整描述所有分子链的所有结构单元参与到交联的形成，式（5.33）和式（5.34）可以改写成以下的通用形式：

$$\alpha(t) = \frac{kt}{1+kt} \tag{5.35}$$

式中，k 为明胶老化的总体特征速率，它是温度的函数。式（5.35）表明，当分子链的所有结构单元参与三螺旋结构的形成时，总的反应就完成了。

因此，明胶凝胶动力学的二阶反应模型可以表述为

$$G'(t,\ T) \ = \ G_0'(T) + \alpha G_a'(T) \tag{5.36}$$

式中，$G_0'(T)$ 为初始模型；$G_a'(T)$ 为老化模量；α 为总体反应度。

明胶中交联的三螺旋结构是由一条 α 链经过回绕交联，然后与另一条直的 α 链通过分子间的作用力（主要是氢键和范德华力）结合形成的。

Normand 用如下的微分方程来描述明胶凝胶化过程：

$$\frac{\mathrm{d}X}{\mathrm{d}t} = k_1(a-X)(b-X) - k_2 X \tag{5.37}$$

式中，X 为交联浓度（mol/L）；a 和 b 分别为线性 α 链和回绕 α 链上可形成三螺旋结构的反应活性部位的浓度（mol/L）。明胶的老化过程对应着剩余的无规线团逐步参与三螺旋结构。由于弹道明胶初级阶段的老化行为，其中正向反应速率起主导作用：$k_1 \gg k_2$。故可对 Normand 模型进行适当简化。在下面的推导中，忽略链断开的速率 k_2，反应方程可简化为

$$\frac{\mathrm{d}X}{\mathrm{d}t} = k_1(a-X)(b-X) \tag{5.38}$$

在二级模型中，a 和 b 的比例关系为 2 : 1。给定初始条件 $X(0)=0$，式（5.38）的解为

$$X = 2b\frac{1-\exp(k_1 bt)}{1-2\exp(k_1 bt)} \tag{5.39}$$

两个三螺旋交联点之间多肽链段的分子量约为 1 000 g/mol。根据弹道明胶的浓度和重均分子量，可以计算出 a 和 b 的浓度之和约为 0.11 mol/L，而速率常数 k_1 的量级通常为 $10^{-3} \sim 10^{-2}$。因此，可用小量近似来简化式（5.39）中的指数函数，得到

$$X = b\frac{2k_1bt}{1+2k_1bt} \tag{5.40}$$

定义交联反应度函数为

$$\alpha(t) = \frac{X}{b} = \frac{2k_1bt}{1+2k_1bt} \tag{5.41}$$

引入一个新的老化速率常数 k，得到

$$\alpha(t) = \frac{kt}{1+kt} \tag{5.42}$$

式中，k 为温度的函数。明胶的弹性模量可表达为

$$G(t) \approx G'(t) = \alpha(t)\frac{RTC}{M_n} = \alpha(t)G'_a \tag{5.43}$$

式中，R 为气体常数；T 为绝对温度；C 为质量浓度（g/L）；M_n 为数均分子量；G'_a 为反应度达到 1 时的明胶的弹性模量，也就是假设的老化平衡模量。引入初始弹性模量 G'_0，得到描述弹道明胶老化的二级反应动力学模型：

$$G'(t,\ T)\ =\ G'_0(T)\ +\ \frac{kt}{1+kt}G'_a(T) \tag{5.44}$$

式中，G'_0 和 G'_a 分别为某一温度下的初始模量（$t=0$）和老化平衡模量（$t=\infty$）。在 3.3.4 节中，假设的最终模量 $G'_\infty = G'_0 + G'_a$。

依据图 5.18 得到的 G'_0 和 G'_∞，可用式（5.44）来拟合实验结果。图 5.20 显示的二级模型能够较好地拟合弹道明胶的老化行为。

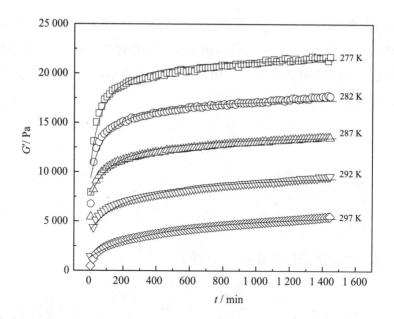

图 5.20　二级动力学模型拟合不同温度下的弹性模量曲线

5.3.7　老化速率常数 k

明胶的老化过程对应着无规线团分子链随时间逐渐加入具有三螺旋交联点的固体弹性网络。自由能差 ΔG 是这个过程的驱动力，而自由能差与过冷度近似成正比。Flory 复性方程拟合的不同温度下的老化速率常数如图 5.21 所示，表明可以用 Flory-Weaver 复性方程来描述明胶的老化速率常数：

$$k = B\exp\left(\frac{-A}{k_{\mathrm{B}}T\Delta T}\right) \tag{5.45}$$

式中，$A=1.52 \times 10^{-20}\,\mathrm{J} \cdot K$；$B=2.6 \times 10^{-2}\,\mathrm{min}^{-1}$；$k_{\mathrm{B}}$ 为玻尔兹曼常数；T 为绝对温度；$\Delta T = T_{\mathrm{m}} - T$ 为过冷度。

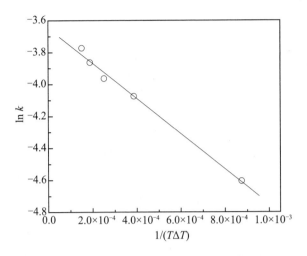

图 5.21　Flory 复性方程拟合不同温度下的老化速率常数

由前面的讨论可知，固定老化时间下明胶的弹性模量与温度近似成线性关系，由此可推出一个最终模量 $G'_\infty(T)$。在构建的二级反应动力学模型式（5.44）中，老化速率常数 k 是温度的函数，因此 G'—T 并非严格的线性关系。我们可以根据二级动力学模型式（5.44）和式（5.45）来计算对应实验温度和老化时间下的弹性模量，结果表明，模型预测值与实验值的相对偏差为 10% 以内。根据这两个模型，本节还计算了其他六个温度（273 K，278 K，283 K，288 K，293 K 和 298 K）下的弹性模量与老化时间的关系，如图 5.22 所示。固定老化时间下，弹性模量与温度也近似成线性关系。

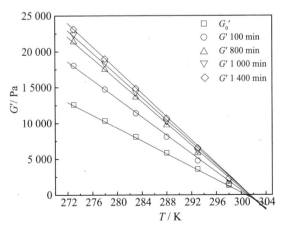

图 5.22　不同温度下，弹性模量与老化时间的关系

5.3.8　弹道明胶的老化主曲线

广泛的研究表明，不同参数条件下的实验数据可以通过合适的偏移叠加成一条主曲线。Meunier 等（1999）研究了 κ-carrageenan 的凝胶动力学，把不同温度和浓度条件下的实验数据叠加成一条主曲线。Normand 等（2000）在研究不同浓度和温度条件下明胶凝胶动力学时使用了同样的叠加方法。另外，Cloitre 等（2000）以及 Joshi 和 Reddy（2008）分别在研究微凝胶和胶体玻璃时使用了应力—时间叠加的方法。相似地，使用模量—时间叠加的方法也可以表示温度对弹道明胶老化过程的影响。

如前所述，不同温度下的弹道明胶老化曲线具有相似的形状（图 5.17），同时可以用二级反应动力学模型对其进行较好的描述（图 5.20）。因此，可以对不同温度的弹性模量进行归一化处理，即采用无量纲模量 G'_r：

$$G'_r = \frac{G' - G'_0}{G'_0} = \frac{G' - G'_0}{G'_\infty - G'_0} \tag{5.46}$$

以 G'_r 为纵坐标，以无量纲数 kt 为横坐标，对五个实验温度下的数据进行模量—时间叠加，结果如图 5.23 所示。图 5.23 表明，不同温度下的老化曲线可以叠加成一条主曲线。该主曲线本质上是一种温度—时间叠加，温度的变化改变了时间尺度，即改变了老化速率常数。

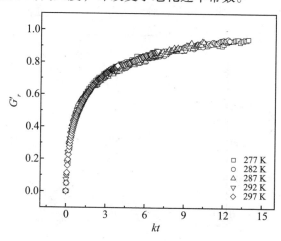

图 5.23　不同温度下的弹道明胶老化主曲线

5.3.9　剪切过程对老化的影响

前面的实验研究的是弹道明胶在不受外力作用下的老化行为，也就是说，弹道明胶处于自然老化状态时，它结构内的随机线团以不受外界影响的方式参与交联网络。当施加剪切外力时，材料结构的演化会受到外力的影响。一些情况下，外力对结构的变化会有促进作用，即加速材料的结构转变，如剪切过程对聚合物的结晶过程有促进作用，这种影响被称为剪切诱导结晶。另一些情况下，外力会阻碍材料结构的重构，造成材料中大的结构团分解成小的结构团，引起结构的年轻化。例如，在第 3 章中研究的印刷油墨以及其他一些分散和悬浮体系均属于这种情况。

接下来采用下面的实验研究剪切对明胶老化过程的影响：首先让明胶自然老化 1 h，然后在蠕变模式下施加应力，持续 1 h；之后继续在振荡模式下分析明胶的自然老化，并与自然老化过程的曲线进行比较；选择 19 ℃作为参考温度，重复 3 次实验，在蠕变模式下分别施加 2 000 Pa、4 000 Pa和 6 000 Pa 的应力。实验结果如图 5.24 所示。图 5.24 的实线是振荡模式下的数据，虚线是柔量的倒数（单位为 Pa）。从图 5.24 可以看出，剪切完成后，明胶的模量会小于自然老化状态下的模量，剪切应力越大，这种趋势越明显；之后，模量会随时间快速增大，并逐渐接近自然老化状态下的模量值。

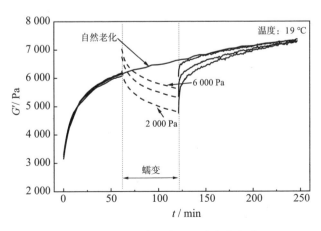

（a）施加不同剪切作用后的老化行为

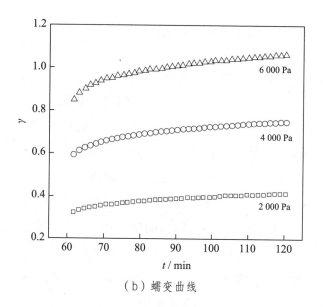

（b）蠕变曲线

图 5.24　剪切实验结果

图 5.24 中，柔量倒数在开始时大于明胶弹性模量的原因是应力产生的应变超过了其线弹性区。当施加的应力为 2 000 Pa、4 000 Pa 和 6 000 Pa 时，弹道明胶对应的初始应变分别为 0.32、0.59 以及 0.85。由于对应 4 000 Pa 的应变不是 0.64，因此施加的应力已经超过弹道明胶的线弹性范围。随着蠕变应力增大，柔量倒数越来越大。此外，在蠕变过程中，剪切会引起弹道明胶中交联结构的断开以及黏性流动，使链上的分子取向具有方向性。当蠕变结束后，这种方向性会降低几何阻挫的影响，有助于交联的重新形成，表现为弹道明胶模量的快速增加。

在不同的蠕变应力作用下，弹道明胶具有不同的应变。为了更好地描述剪切对弹道明胶老化过程的影响，本节从能量角度进行定量分析，即联合应力和应变，建立应变能密度与老化速率常数之间的关系。

材料受到外力作用时会发生变形，外力对材料做功，该功称为应变能，定义如下：

$$U = \int_0^{x_1} F \mathrm{d}x \tag{5.47}$$

根据式（5.47），外力对材料所做的功是与材料的尺度有关的（变形微分 dx 是与材料的长度和横截面积相关的）。为了消除材料尺寸因素的影响，直接反映材料的内在性能，通常考虑材料单位体积内的能量，即应变能密度函数，其定义为

$$w = \frac{U}{V} = \frac{1}{AL}\int_0^{x_1} F\mathrm{d}x = \int_0^{x_1} \frac{F}{A}\frac{\mathrm{d}x}{L} = \int_0^{\varepsilon_1} \sigma \mathrm{d}\varepsilon \tag{5.48}$$

对于恒定剪切应力 τ 的情况，应变能密度为

$$w = \int_0^{\gamma_1} \tau \mathrm{d}\gamma = \tau \int_0^{\gamma_1} \mathrm{d}\gamma = \tau\gamma_1 \tag{5.49}$$

因此，根据式（5.49），可以计算出剪切应力为 2 000 Pa、4 000 Pa 和 6 000 Pa 时的应变能密度分别为 833 Pa、3 012 Pa 和 6 410 Pa。

应变能密度与老化速率常数之间的关系如图 5.25 所示。图 5.25（a）用弹道明胶的二级老化动力学模型对剪切后的数据进行了拟合，得到三个老化速率常数。图 5.25（a）中的虚线是 19 ℃下的二阶老化模型，老化速率常数为 $1.6 \times 10^{-2}\,\mathrm{min}^{-1}$。当应变能密度小于 833 Pa（对应剪切应力为 2 000 Pa）时，剪切对明胶的老化速率几乎没有影响，此时，老化速率常数为 $1.58 \times 10^{-2}\,\mathrm{min}^{-1}$。随着应变能密度增加，剪切作用会阻碍明胶的老化进程，造成老化速率常数减小。具体而言，当应变能密度增加到 3 012 Pa 和 6 410 Pa 时，对应的老化速率常数分别为 $1.4 \times 10^{-2}\,\mathrm{min}^{-1}$ 和 $1.2 \times 10^{-2}\,\mathrm{min}^{-1}$。当应变能密度大于 833 Pa 时，应变能密度和老化速率常数之间的关系可用指数函数描述，如图 5.25（b）所示。

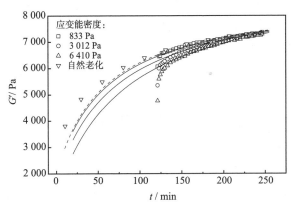

（a）使用二级老化动力学模型拟合剪切作用后的模量变化

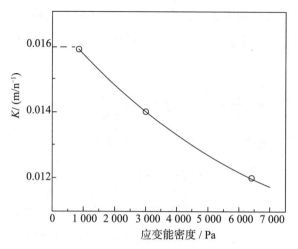

（b）应变能密度对剪切后的老化速率的影响

图 5.25　应变能密度与老化速率常数的关系

　　根据前面的描述，可以得到如下结论：在某一温度下，存在一个临界应变能密度，当应变能密度小于该临界值时，剪切对弹道明胶的老化影响可以忽略；当应变能密度大于该临界值时，剪切使弹道明胶的老化速率常数减小，对应老化过程变缓，即剪切能够实现弹道明胶的年轻化。另外，依据老化速率常数和过冷度的关系，剪切作用会使老化速率常数变小，相当于减小了过冷度。当施加的应变能密度在大于临界值且小于韧性模量（弹道明胶破裂所需的极限应变能密度）范围内时，应变能密度与老化速率常数可以用指数函数进行描述。从弹道明胶的整个老化过程来观察，剪切所引起的年轻化行为是暂时的。随着老化时间增加，这种年轻化行为会逐渐趋近于自然状态下的老化过程。

5.4　本章小结

　　本章研究了弹道明胶从 sol-gel 点冷却到某个目标温度的过程，通过不同冷却速率的实验，建立了一个弹性模量与温度的线性关系，由此确立了等温老化过程的初始模量。在不同温度下，弹道明胶的等温老化的弹性模量具有自相似性。在给定的老化时间内，弹性模量与温度近似成线性关系，且交汇于sol-gel转换点附近。本章根据分子链的二级反应动力学模型，引入一个老化速率常数，构建了一个描述弹道明胶在老化初级阶段（小于24 h）的弹性模量演化模型，其老化速率常数与温度和过冷度的关系符合Flory-Weaver复性方程。通过对模量和时间进行无量纲化，不同温度下的老化曲线可以叠加成一条主曲线。最后，本章研究了剪切过程对老化的影响，发现剪切过程对弹道明胶凝胶的老化过程有一定的影响，但是，从整个老化过程来看，这种影响仅仅是暂时的。

本章通过对弹道明胶凝胶的老化现象进行研究，得到一些非常有价值的结论，这些结论能够为弹道明胶的创伤实验、生物医学以及组织工程中的应用提供重要参数。另外，充分理解弹道明胶的老化行为，对建立弹道明胶在大变形条件下的本构关系也具有重要的理论价值。本章建立的模型可为质量分数为10%的弹道明胶在实验时的靶标性质提供实用可靠的预测依据。

第6章　中等时间尺度下弹道明胶的线性黏弹性模型

6.1 概述

1678 年，胡克提出任意弹簧的能量与其受到的拉伸力成正比，形成了弹性理论的基础。但直到 1820 年，柯西引入了应力、应力分量、应变以及应变分量的概念，并建立了材料内部一点的三维应力状态，即柯西应力张量（Cauchy stress tensor），才使胡克定律中的比例常数（材料弹性模量）不再与材料的几何形状相关；同时，柯西建立了几何方程、运动微分方程、各向同性弹性体和各向异性弹性体的广义胡克定律，从而完成了弹性力学的基本理论体系。自此之后，胡克定律成为描述理想弹性体的本构方程。之后，牛顿在《自然哲学的数学原理》中，提出了黏性流体的基本思想：在其他条件不变的情况下，由于流体本身缺乏滑移而产生的阻力与流体彼此之间分离的速度成正比，形成了一维的黏性流体本构关系。与胡克定律的发展相似，牛顿黏性流体本构关系也是在经过后面一些科学家的证实才得以发展的。例如，1845 年，斯托克斯（Stokes）最终用三维数学形式表达了该概念；1856 年，泊肃叶（Poiseuille）通过分析毛细管实验的流动数据证明了牛顿黏性流体关系，使牛顿黏性定律成为描述理想黏性流体的本构方程。

随着科学技术的发展，特别是化学工业的飞速进步，新发现与新材料层出不穷。19 世纪末，科学家开始注意到一些材料表现出不同于胡克弹性固体和弹性黏性流体的力学行为，也就是说，材料展现出其弹性响应的时间相关性。例如，丝、天然橡胶、沥青、玻璃等材料在受到剪切或拉伸负载时，其瞬间的弹性变形可以用胡克定律描述；之后，材料的变形会随时间进一步增大，该过程称为蠕变（creep）；当负载移除后，部分变形会立即恢复，还有一部分变形会随时间缓慢恢复，而在有些材料中变形会永久存在。也就是说，材料在受到负载的条件下，同时表现出固体和流体的力学行为。正如麦克斯韦在 1866 年所表述的：固体的状态不仅取决于实际作用在其上的力，还取决于它在以前存在期间受到的所有应变。换言之，材料的力学行为是与其受力历史相关的，具有记忆特性。材料所具有的与时间相关的响应称为黏弹性（viscoelasticity）。在所有高聚物中，黏弹性行为非常典型。除了蠕变，人们还可以用应力松弛（stress relaxation）和振荡（oscillation）等实验方法来研究材料的黏弹性行为。

明胶作为一种生物聚合物，表现出明显的黏弹性行为。在不同的时间尺度下，明胶会展现出不同的黏弹性行为。本章将使用蠕变和应力松弛模式研究弹道明胶在中等时间尺度下的线性黏弹性行为。

6.2　明胶的线性黏弹性研究现状及存在的问题

明胶的黏弹性行为可通过蠕变实验进行研究。Higgs 和 Ross-Murphy（1990）以及 Gilsenan 和 Ross-Murphy（2001）使用高精度恒定应力流变仪研究了不同浓度的明胶凝胶的蠕变行为。Normand 和 Ravey（1997）在蠕变模式下利用测量仪器的惯性以及明胶凝胶的黏弹性获得了 15 ℃下质量分数分别为 6.66% 和 10% 的明胶的特征时间谱，实验结果表明：在应力加载的瞬时，柔量会产生振荡，在短时间（约 1 s）内趋于稳定后，再随时间逐渐增加，如图 6.1（a）所示；当振荡结束后，应变随蠕变时间逐渐增加，并展现出黏性流动的趋势（蠕变时间 >1 500 s）；应力移除后，应变会瞬时回复一部分，明胶表现出弹性固体的行为，之后应变随时间缓慢回复，但黏性流动部分会永久存在，如图 6.1（b）所示。由此可见，在短时间尺度下，明胶表现出固体的行为，但随着时间尺度变大，明胶在蠕变应力作用下会发生黏性流动。类似地，Baravian 和 Quenmada（1998）根据仪器惯性与材料弹性之间的耦合，分别用 Maxwell-Jeffreys 模型和 Kelvin-Voigt 模型推导出了蠕变振荡解析解，得到卡拉胶的黏弹性模型参数。

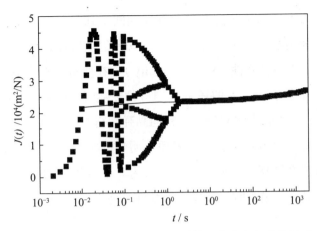

（a）由于仪器惯性和明胶样品的黏弹性，在应力加载的瞬时，
蠕变曲线会发生振荡

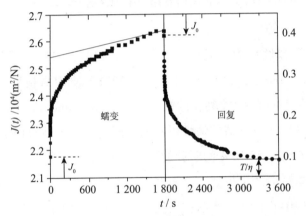

（b）当蠕变时间增加时，样品会表现出黏性流动的行为；当蠕变应力卸载后，
一部分应变不能完全回复

图6.1　明胶的黏弹性行为

Liu 等（2014）使用三元件标准线性固体黏弹性模型获得了阶跃应力条件下质量分数为 10% 的弹道明胶的黏弹性参数，实验结果如图 6.2 所示。此外，Rosin 等（2009）研究了 20 ℃下质量分数为 5% 的明胶在不同老化时间下的蠕变和松弛行为，通过改变时间因子，不同老化时间下的柔量曲线和松弛模量曲线均能够叠加成主曲线，结果如图 6.3 所示，该研究表明明胶能够展现出与玻璃态材料相似的标度现象。

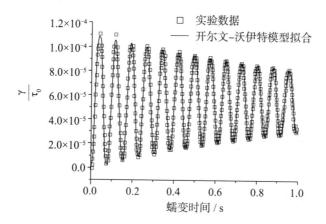

图 6.2 蠕变实验时出现的应变振荡

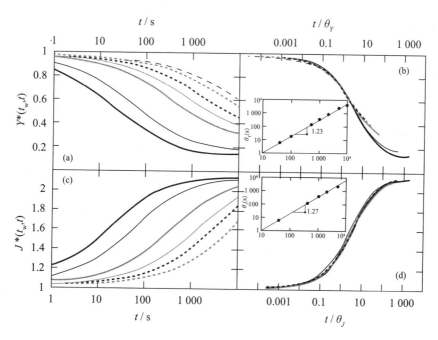

图 6.3 不同老化时间下的蠕变曲线和应力松弛曲线叠加成主曲线

在以前的研究中，有两个重要的因素经常被忽略。第一因素是蠕变实验时间尺度的选择。明胶的黏弹性是与实验时间尺度的选择相关的。在不同的时间尺度下，明胶表现出不同的黏弹性行为。在 Baravian 和 Quemade（1998）以及 Liu 等（2014）的研究中，蠕变实验的时间尺度为 10 s 以内，可以用标准线性固体黏弹性模型来描述明胶在短时间尺度下的线性黏弹性行为。而在中等时间尺度（超过 1 500 s）的蠕变实验中，明胶表现出黏性流动的行为，标准线性固体黏弹性模型不再适用，因此需要构建新的线性黏弹性模型。

第二个因素是蠕变实验起点的选择。明胶的结构可随时间持续演化达数月之久，在这样大的时间尺度下，明胶的黏弹性参数仍是时间的函数。根据前面的研究结论，尽管在有限的实验时间尺度下明胶无法达到其热力学平衡态，但随着老化时间逐步增加，明胶弹性模量的变化趋于平缓，其老化过程越来越缓慢。由此可见，如果在进行蠕变实验之前，让明胶老化足够长的时间（大于 24 h），使在蠕变实验中（持续时间为 8 h）缓慢老化的影响可以忽略，那么实验就可以用定常参数模型来近似描述明胶的线性黏弹性行为。从工程应用的角度考虑，这会在很大程度上简化模型。

本章重点用蠕变模式研究 4 ℃下弹道明胶在中等时间尺度下的线性黏弹性行为。本章先在常规感知的时间尺度（约 1 min）下用简单剪切模式确定弹道明胶接近完全弹性体，其线性区应变范围为 0 ~ 0.25；根据第 5 章弹道明胶的老化研究结论，选择老化时间 24 h 作为蠕变实验的起点，使在蠕变实验中样品结构的缓慢老化影响可以忽略，因此可以用定常参数模型来近似描述明胶的线性黏弹性行为；通过对弹道明胶蠕变实验结果进行定性分析，采用 Burgers 模型描述明胶的线性黏弹性行为，在获得模型的各个参数值后，本章使用该模型对应变回复和应力松弛实验进行预测，结果表明 Burgers 模型能较好地描述弹道明胶在中等时间尺度下的蠕变和应力松弛过程。

6.3 明胶的线性黏弹性本构方程

6.3.1 常规感知时间尺度下的黏弹性行为

图 6.4 为简单剪切模式下 4 ℃老化 24 h 同一明胶样品的 8 组连续加载—

卸载曲线（剪切速率为 0.03 s⁻¹），应变从 0.2 逐渐增加到 0.8。

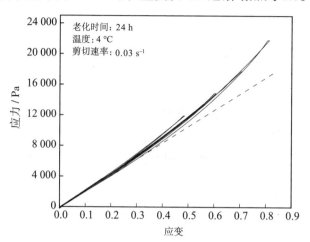

图 6.4　简单剪切模式下，4 ℃老化 24 h 同一明胶样品的 8 组连续加载—卸载曲线

从图 6.4 可以看出，8 组连续加载—卸载路径几乎是完全重合的。尽管在较大应变下可以观察到滞后现象，但这种影响很小。这表明在老化 24 h 条件下，在常规感知的时间尺度下（约 1 min）弹道明胶接近完全弹性体（对应剪切速率为 0.03 s⁻¹ 下应变加载—卸载范围为 0 ～ 0.8）。总体上弹道明胶的应力—应变曲线是非线性的。在破裂发生前，明胶能够承受很大的剪切应变。图 6.4 中的虚线是对应变小于 0.1 的范围进行线性拟合得到的（拟合得到的剪切模量约为 21 640 Pa）。线性拟合结果显示，当老化 24 h 后，弹道明胶的线弹性区范围为 0 ～ 0.25。在接下来的蠕变和应力松弛实验中，弹道明胶的应变均在其线弹性区内（应变小于 0.25）。

6.3.2　中等时间尺度下弹道明胶的蠕变曲线

图 6.5 为两个不同老化时间、三组不同应力下的弹道明胶蠕变和回复曲线。由于实验主要研究中等时间尺度下弹道明胶的线性黏弹性行为，因此蠕变实验数据从应变振荡消除后（应力加载和卸载后 10 s）开始记录，未包含应力瞬时加载和卸载时应变振荡数据。每组应力的蠕变实验分别进行三次，然后取平均值。两个不同老化时间的蠕变实验数据见表 6.1。

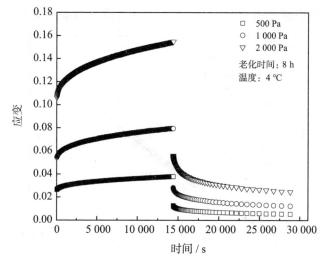

（a）老化时间 8 h

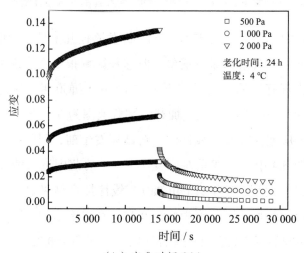

（b）老化时间 24 h

图 6.5　不同应力下，弹道明胶的蠕变和应变回复曲线

表 6.1　不同老化时间下明胶弹性应变和弹性回复比较

老化时间	蠕变应力	弹性应变	弹性回复	应变偏差
8 h	500	0.026 5	0.025 3	0.001 2
	1 000	0.053 5	0.052 4	0.001 1
	2 000	0.105 8	0.104 4	0.001 4

续表

老化时间	蠕变应力	弹性应变	弹性回复	应变偏差
	500	0.023 7	0.023 2	0.000 5
24 h	1 000	0.047 8	0.047 5	0.000 3
	2 000	0.096 2	0.095 7	0.000 5

从表6.1可以看出，对于两个不同老化时间的蠕变实验，施加500 Pa、1 000 Pa和2 000 Pa的恒定剪切应力后，样品的瞬时弹性应变成比例增大。即应力与应变成比例变化，这说明蠕变应力引起的应变在线弹性范围内。

在瞬时弹性应变发生后，应变开始随蠕变时间逐渐增大。当蠕变时间进一步增加时，应变速率会趋于定值。图6.6为对图6.5（b）中蠕变曲线的后半部分（11 000～14 400 s范围）进行线性拟合的结果（直线斜率即应变速率）。从图6.6可以看出，根据三组实验数据拟合得到的直线斜率具有与剪切应力对应的比例关系，即应变速率与剪切应力成比例变化，这说明当蠕变时间超过11 000 s后，明胶样品表现出明显的黏性流体的行为。

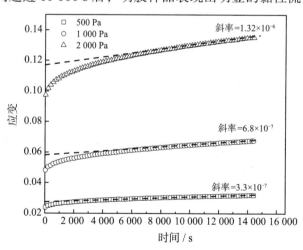

图6.6　对图6.5（b）中蠕变曲线的后半部分进行线性拟合的结果

当应力移除后，部分应变会立即恢复。为了研究蠕变过程中明胶结构老化对弹性应变回复的影响，实验需要比较老化8 h和老化24 h的条件下，蠕变应力卸载时的弹性应变回复。根据表6.1，当老化时间为8 h时，样品弹性变形与回复之间存在一定的偏差（>0.001），这说明在蠕变过程中，明胶老化的影响还比较明显。然而，当老化时间增加到 24 h 时，弹性变形与回复之间的偏差减小到 0.000 5 以下，因此在蠕变实验持续过程中（8 h）老化的缓慢影响可以忽略。

基于图 6.5 和图 6.6，我们可以构建出弹道明胶微分形式的线性黏弹性模型。当应力加载时，有瞬时弹性变形产生，因此模型至少有一个串联的理想弹簧。在弹性变形后，应变的变化曲线与 Kelvin-Voigt 模型类似，推测模型中应含有 Kelvin-Voigt 元件。另外，随着蠕变时间变长，应变速率趋于定值，展现出黏性流动的特征，故模型中应有串联的理想黏壶元件。根据上述分析，Burgers 模型是近似描述这种蠕变响应的比较简单的黏弹性模型。尽管可以用更多的理想元件来描述弹道明胶的蠕变曲线，但考虑到模型的简单实用，本章采用 Burgers 模型描述弹道明胶的线性黏弹性行为。

6.3.3　Burgers 模型

Burgers 模型也称为四元件模型，是由 Maxwell 模型和 Kelvin-Voigt 模型串联形成的，其原理图如图 6.7（a）所示。

当施加应力时，弹簧 1 会发生瞬时弹性变形，紧随其后的是 Maxwell 模型和 Kelvin-Voigt 模型的联合应变。然而，随着蠕变时间的进一步增加，Kelvin-Voigt 模型的应变达到稳态值，Burgers 模型表现出 Maxwell 模型的蠕变行为，即应变随时间线性增加。当应力卸载后，弹性变形立即回复，Kelvin-Voigt 模型的应变随时间逐渐回复，黏壶 1 的变形不能回复。整个过程的应变和回复曲线如图 6.7（b）所示。

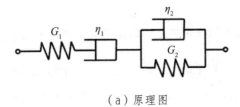

（a）原理图

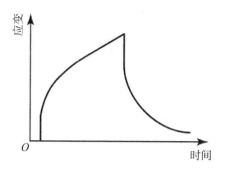

（b）应变和回复曲线

图 6.7　Burgers 模型

Burgers 模型与标准线性固体模型最主要的区别是，Burgers 模型中有永久变形存在，标准线性固体模型的变形能完全回复。

1. 本构关系

对 Burgers 模型施加应力 τ 后，对应的应变等于三个部分的应变之和：

$$\gamma = \gamma_1 + \gamma_2 + \gamma_3 \tag{6.1}$$

引进微分算子（differential operator）D：

$$D = \frac{\mathrm{d}}{\mathrm{d}t} \tag{6.2}$$

则有

$$D\gamma = \frac{\mathrm{d}\gamma}{\mathrm{d}t} = \dot{\gamma} \tag{6.3}$$

利用微分算子对式（6.1）进行简化，得到

$$\begin{aligned}
\gamma &= \frac{\tau}{G_1} + \frac{\tau}{\eta_1 D} + \frac{\tau}{G_2 + \eta_2 D} \\
&= \frac{\eta_1 D\tau(G_2 + \eta_2 D) + (G_2 + \eta_2 D) + G_1 \eta_1 D\tau}{G_1 \eta_1 D(G_2 + \eta_2 D)}
\end{aligned} \tag{6.4}$$

进一步化简得到 Burgers 模型的本构方程：

$$\tau + \left(\frac{\eta_1}{G_1} + \frac{\eta_1 + \eta_2}{G_2}\right)\dot{\tau} + \frac{\eta_1 \eta_2}{G_1 G_2}\ddot{\tau} = \eta_1 \dot{\gamma} + \frac{\eta_1 \eta_2}{G_2}\ddot{\gamma} \tag{6.5}$$

通常，该本构方程可写成如下通用形式：

$$\sigma + p_1 \dot{\tau} + p_2 \ddot{\tau} = q_1 \dot{\gamma} + q_2 \ddot{\gamma} \tag{6.6}$$

式中，$p_1 = \left(\dfrac{\eta_1}{G_1} + \dfrac{\eta_1 + \eta_2}{G_2} \right)$，$p_2 = \dfrac{\eta_1 \eta_2}{G_1 G_2}$，$q_1 = \eta_1$，$q_2 = \dfrac{\eta_1 \eta_2}{G_2}$ 为材料的物性常数。

2. 应变响应

为了便于分析材料的蠕变和应力松弛行为，此处引入如下两个常用的函数：单位阶跃函数 $u(t)$ 和单位冲激函数 $\delta(t)$。单位阶跃函数 $u(t)$ 的定义为

$$u(t) = \begin{cases} 1, & t \geqslant 0 \\ 0, & t < 0 \end{cases} \tag{6.7}$$

式中，其 Laplace 变换为 $1/s$。

单位冲激函数 $\delta(t)$ 的定义为

$$\begin{cases} \delta(t) = 0, & t \neq 1 \\ \int_{-\infty}^{\infty} \delta(t) \mathrm{d}t = 1 \end{cases} \tag{6.8}$$

式中，其 Laplace 变换为 1。

$u(t)$ 和 $\delta(t)$ 之间存在如下关系：

$$u(t) = \int_{-\infty}^{t} \delta(\tau) \mathrm{d}\tau \tag{6.9}$$

$$\delta(t) = \frac{\mathrm{d}u(t)}{\mathrm{d}t} \tag{6.10}$$

在分析 Burgers 模型的蠕变和应力松弛行为时，为了便于计算，假设模型所有的初始条件均为零。

对式（6.5）进行 Laplace 变换，使用零初始条件假设，得到如下方程：

$$\bar{\tau} + p_1 s \bar{\tau} + p_2 s^2 \bar{\tau} = q_1 s \bar{\gamma} + q_2 s^2 \bar{\gamma} \tag{6.11}$$

式中，$\bar{\tau}$ 和 $\bar{\gamma}$ 分别为应力 τ 和应变 γ 的 Laplace 变换。该方程可以分别求解蠕变实验的应变响应和应力松弛实验的松弛模量。

蠕变实验是在施加恒定应力的条件下，考察材料的应变与时间的关系。在 $t = 0$ 时刻施加应力 $\tau = \tau_0 u(t)$，且在整个实验过程中保持恒定。易知，应力 τ 的 Laplace 变换为 $\bar{\tau} = \dfrac{\tau_0}{s}$，将其代入式（6.11）中，可以求出应变的 Laplace 变换为

$$\bar{\gamma} = \frac{p_2 s^2 + p_1 s + 1}{q_2 s^3 + q_1 s^2} \tau_0 \tag{6.12}$$

对式（6.12）进行部分分式展开，得到如下表达式：

$$\bar{\gamma} = \left[\frac{1}{q_1 s^2} + \frac{p_1 q_1 - q_2}{q_1^2 s} + \frac{p_2 q_1^2 - p_1 q_1 q_2 + q_2^2}{q_1^2 (q_1 + q_2 s)} \right] \tau_0 \tag{6.13}$$

对式（6.13）进行 Laplace 反变换，得到应变响应函数为

$$\gamma = \left[\frac{t}{q_1} + \frac{p_1 q_1 - q_2}{q_1^2} + \frac{(p_2 q_1^2 - p_1 q_1 q_2 + q_2^2)}{q_1^2 q_2} \mathrm{e}^{-\frac{q_1 t}{q_2}} \right] \tau_0 \tag{6.14}$$

最后代入材料的物性常数，得到蠕变实验条件下 Burgers 模型的应变响应：

$$\gamma(t) = \frac{\tau_0}{\eta_1} t + \frac{\tau_0}{G_1} + \frac{\tau_0}{G_2} \left(1 - \mathrm{e}^{-\frac{t}{\tau_2}} \right) \tag{6.15}$$

式中，$\tau_2 = \dfrac{\eta_2}{G_2}$，称为推迟时间。式（6.15）可表示成柔量 $J(t)$ 的形式：

$$J(t) = \frac{1}{\eta_1} t + \frac{1}{G_1} + \frac{1}{G_2} \left(1 - \mathrm{e}^{-\frac{t}{\tau_2}} \right) \tag{6.16}$$

3. 应变回复

根据式（6.15），在 $t = t_1$ 时刻，Burgers 模型的应变为

$$\gamma(t_1) = \frac{\tau_0}{\eta_1} t_1 + \frac{\tau_0}{G_1} + \frac{\tau_0}{G_2} \left(1 - \mathrm{e}^{-\frac{t}{\tau_2}} \right) \tag{6.17}$$

若在 $t = t_1$ 时刻移除应力，应变从 $\gamma(t_1)$ 开始回复。在应力卸载的瞬时，

弹簧 1 的应变会立即回复，黏壶 1 的应变保持恒定。因此，Burgers 模型的应变回复对应其组成部分的 Kelvin-Voigt 模型的应变回复。Burgers 模型回复过程的应变—时间关系如下：

$$\gamma(t) = \frac{\tau_0}{\eta_1}t_1 + \frac{\tau_0}{G_2}\left(e^{\frac{t_1}{\tau_2}} - 1\right)e^{-\frac{t}{\tau_2}}, t \geq t_1 \tag{6.18}$$

从式（6.18）可以看出，当 $t \to \infty$ 时，Kelvin 模型的应变会回复到零。此时，Burgers 模型的应变为黏壶 1 的应变，该应变为永久应变，不会回复。

4. 应力松弛

应力松弛是在施加恒定应变的条件下，分析材料的应力随时间的变化行为。在 $t = 0$ 时刻施加应变 $\gamma = \gamma_0 u(t)$，在整个过程中保持恒定。接下来，采用与蠕变实验相似的计算方法来求解应力与时间的函数关系。应变 γ 的 Laplace 变换为 $\bar{\gamma} = \dfrac{\gamma_0}{s}$，将其代入式（6.11）中，得到应力的 Laplace 变换的表达式：

$$\bar{\tau} = \frac{q_1 + q_2 s}{1 + p_1 s + p_2 s^2}\gamma_0 \tag{6.19}$$

对式（6.19）进行 Laplace 反变换，有

$$\tau(t) = \frac{\varepsilon_0}{2p_2\sqrt{p_1^2 - 4p_2}} - 2p_2 q_1 e^{\left(-\frac{p_1 + \sqrt{p_1^2 - 4p_2}}{2p_2}\right)t} + 2p_2 q_1 e^{\left(-\frac{p_1 - \sqrt{p_1^2 - 4p_2}}{2p_2}\right)t}$$
$$+ p_1 q_2 e^{\left(-\frac{p_1 + \sqrt{p_1^2 - 4p_2}}{2p_2}\right)t} - p_1 q_2 e^{\left(-\frac{p_1 - \sqrt{p_1^2 - 4p_2}}{2p_2}\right)t} \tag{6.20}$$
$$+ q_2\sqrt{p_1^2 - 4p_2}\, e^{\left(-\frac{p_1 + \sqrt{p_1^2 - 4p_2}}{2p_2}\right)t} + q_2\sqrt{p_1^2 - 4p_2}\, e^{\left(-\frac{p_1 - \sqrt{p_1^2 - 4p_2}}{2p_2}\right)t}$$

引入如下两个常数：

$$\alpha = \frac{1}{2p_2}(p_1 - \sqrt{p_1^2 - 4p_2}) \tag{6.21}$$

$$\beta = \frac{1}{2p_2}(p_1 + \sqrt{p_1^{\,2} - 4p_2}) \tag{6.22}$$

则式（6.20）可以写成如下形式：

$$\tau(t) = \frac{1}{\sqrt{p_1^{\,2} - 4p_2}}[(q_1 - \alpha q_2)\mathrm{e}^{-\alpha t} - (q_1 - \beta q_2)\mathrm{e}^{-\beta t}]\gamma_0 \tag{6.23}$$

或者表示成松弛模量 $G(t)$ 的形式：

$$G(t) = \frac{1}{\sqrt{p_1^{\,2} - 4p_2}}[(q_1 - \alpha q_2)\mathrm{e}^{-\alpha t} - (q_1 - \beta q_2)\mathrm{e}^{-\beta t}] \tag{6.24}$$

6.3.4　蠕变实验的 Burgers 模型

1.Burgers 模型的应变响应及应变回复

应用 Burgers 模型描述弹道明胶的应变响应 [式（6.15）] 及应变回复 [式（6.18）] 后，需要确定模型各个元件的参数值。根据弹道明胶的蠕变实验，可以按以下步骤求出所有元件的参数值。

（1）蠕变曲线的初始应变对应着弹簧 1 的应变。根据施加的应力值，可以求得弹簧 1 的模量值 G_1。

（2）Burgers 模型的蠕变曲线会随着时间的增加趋向于直线，该直线的斜率为蠕变应力与黏壶 1 的黏度的比值。因此，对蠕变曲线的后半部分进行线性拟合，可以得到黏壶 1 的黏度值 η_1。

（3）蠕变曲线减去初始应变和黏壶 1 的应变后，得到 Kelvin-Voigt 模型的蠕变曲线。用 Kelvin-Voigt 模型对该曲线进行拟合，可以分别得到黏壶 2 和弹簧 2 的参数值 η_2 和 G_2。

按照上述步骤，对蠕变应力为 1 000 Pa 的实验数据进行处理，获得相应的 Burgers 模型的参数值。根据 1 000 Pa 蠕变应力加载时的瞬时弹性应变（表 6.1），使用胡克定律可求出弹簧 1 的模量值 G_1。图 6.6 给出了对老化 24 h 的蠕变曲线的后半部分（11 000 ～ 14 400 s 范围）进行线性拟合的结果，图中直线斜率即为应变速率。明胶样品表现出明显的黏性流体的行为，可以根据牛顿黏性定律，求出黏壶 1 的黏度值 η_1。

图 6.8 为 Kelvin-Voigt 模型预测蠕变曲线减去初始应变和黏壶 1 的应变的结果，可以得到黏壶 2 和弹簧 2 的参数值 η_2 和 G_2。从图 6.8 可以看出，模型预测值与实验值存在一定的偏差，说明 Burgers 模型对弹道明胶的蠕变实验仅是一种近似描述。

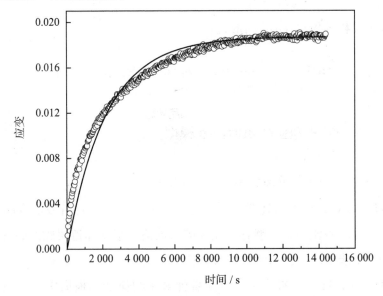

图 6.8　Kelvin-Voigt 模型预测蠕变曲线减去初始应变和黏壶 1
应变的结果（蠕变应力为 1 000 Pa，老化时间 24 h）

表 6.2 列出了弹道明胶老化 24 h 蠕变曲线的 Burgers 模型的各个元件的参数值。从表 6.2 可以观察到，G_1 与图 6.8 中线性拟合得到的剪切模量（21 640 Pa）非常接近。模型的两个特征时间 $\tau_1 = \dfrac{\eta_1}{G_1}$ 和 $\tau_2 = \dfrac{\eta_2}{G_2}$ 在数值上相差一个数量级。

表 6.2　Burgers 模型参数值（老化 24 h）

物理量	参数值
G_1 / Pa	21 700
G_2 / Pa	84 600

续表

物理量	参数值
$\eta_1/(\text{Pa}\cdot\text{s})$	1.45×10^9
$\eta_2/(\text{Pa}\cdot\text{s})$	1.55×10^8
τ_1/s	66 820
τ_2/s	1 830

在求出 Burgers 模型的 4 个参数值后，本章用同一套参数值来预测其他两组不同应力下的蠕变实验数据，结果如图 6.9 所示。从图 6.9 可以看出，Burgers 模型对另外两组不同应力下弹道明胶的蠕变实验结果给出了较好的预测。这表明在中等时间尺度下，Burgers 模型可以较好地描述弹道明胶在线性黏弹性范围内的蠕变和应变回复过程。

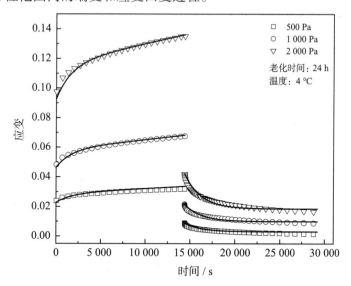

图 6.9　Burgers 模型预测不同应力下弹道明胶的蠕变与回复曲线

2.Burgers 模型的蠕变主曲线

根据 Burgers 模型的蠕变响应 [式（6.15）] 和应变回复 [式（6.18）]，

可以对应变进行尺度变化。将式（6.15）和式（6.18）两边同时除以特征初

始应变 $\gamma_0 = \dfrac{\tau_0}{G_1}$，分别得到

$$\frac{\gamma(t)}{\gamma_0} = 1 + \frac{t}{\tau_1} + \frac{G_1}{G_2}\left[1 - e^{-\left(\frac{t}{\tau_1}\right)\left(\frac{\tau_1}{\tau_2}\right)}\right] \tag{6.25}$$

$$\frac{\gamma(t)}{\gamma_0} = \frac{t_1}{\tau_1} + \frac{G_1}{G_2}\left[e^{\frac{t_1}{\tau_2}} - 1\right]e^{-\left(\frac{t}{\tau_1}\right)\left(\frac{\tau_1}{\tau_2}\right)} \tag{6.26}$$

式中，$\tau_1 = \dfrac{\eta_1}{G_1}$（量纲为时间）为 Burgers 模型的另一个特征时间常数。根

据式（6.25）和式（6.26），以 $\dfrac{\gamma(t)}{\gamma_0}$ 为纵坐标，以 $\dfrac{t}{\tau_1}$ 为横坐标，则上述两

个方程右边的表达式除 $\dfrac{t}{\tau_1}$ 之外，均为常数（在特定的蠕变应力加载时间 t_1

条件下）。因此，如果 Burgers 模型能够描述中等时间尺度下弹道明胶的线性黏弹性行为，那么不同应力下的蠕变和应变回复曲线可以叠加成一条主曲线。

　　根据以上分析，对图 6.9 中的三组不同应力下的蠕变曲线进行尺度变换，结果如图 6.10 所示。从图 6.10 可以看出，三组不同应力下的蠕变和应

变回复曲线能较好地叠加成一条主曲线。$\dfrac{t_1}{\tau_1}$ 为蠕变实验特征时间（t_1 为蠕

变应力持续时间）。图 6.10 中的实线是使用表 6.2 中的模型参数值，然后根据式（6.25）和式（6.26）右边的表达式计算得到的预测值，该结果表明 Burgers 模型对弹道明胶在中等时间尺度下的蠕变和应变回复行为给出了较好的预测。

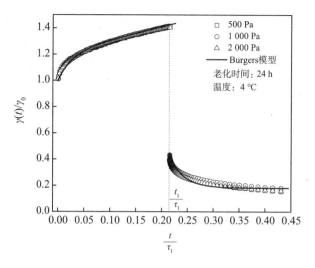

图 6.10　不同应力下的蠕变实验主曲线

6.3.5　应力松弛的 Burgers 模型

图 6.11 为三组不同恒定初始应变的弹道明胶松弛模量曲线。从图 6.11 可以看出，三组不同应变下的松弛模量彼此能较好地重合，说明初始应变均在样品的线性黏弹性范围内。

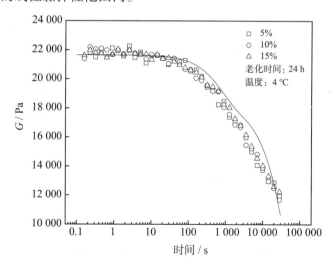

图 6.11　Burgers 模型预测弹道明胶的应力松弛曲线

前面通过蠕变实验获得了 Burgers 模型的参数值（表 6.2），根据应力松弛响应的方程 [式（6.24）]，可以计算 4 ℃下，老化 24 h 的弹道明胶的材料常数，结果见表 6.3。将这些值代入式（6.24），得到应力响应函数为

$$\tau = 1.823 \times 10^{-5} \times \left(8.562 \times 10^{8} \times e^{-1.798 \times 10^{-5} t} + 1.588 \times 10^{8} \times e^{-1.344 \times 10^{-3} t} \right) \times \gamma_0 \quad （6.27）$$

图 6.11 中的实线是使用蠕变实验获得的模型参数值，根据式（6.27）得到的预测结果。在应力松弛的初始阶段，Burgers 模型给出了较好的预测。但随着松弛时间的增加，模型预测值会大于实验值。在应力松弛实验的后期（超过 7 h），模型预测值会低于实验值。造成这种预测偏差的主要原因是 Burgers 模型仅有两个特征时间，而弹道明胶通常存在多个松弛时间。考虑到蠕变和应力松弛是两种不同模式的实验，使用蠕变实验获得的模型参数值来预测应力松弛模量曲线，可以认为图 6.11 的预测结果是比较满意的。

表 6.3 Burgers 模型预测应力松弛的参数值（4 ℃）

物理量	参数值
p_1 / s	5.64×10^{4}
p_2 / s^{2}	4.14×10^{7}
$q_1 / (\mathrm{Pa \cdot s})$	8.7×10^{8}
$q_2 / (\mathrm{Pa \cdot s}^{2})$	7.65×10^{11}
α / s^{-1}	1.80×10^{-5}
β / s^{-1}	1.34×10^{-3}

6.4　本章小结

弹道明胶的凝胶结构处于热力学非平衡态，其物理属性随时间缓慢演化。尽管在有限的实验时间尺度下无法观察到明胶的热力学平衡态，但随着老化时间逐步增加，明胶弹性模量 G' 的变化趋于平缓。当老化时间超

过 24 h 后，在 8 h 时间间隔里，模量的相对变化率仅为 2.3%（G' 增加约为 500 Pa），G' 可近似看作常数。因此，在蠕变实验中，可以忽略实验过程中明胶结构缓慢老化带来的影响，使用恒定参数的本构模型来描述弹道明胶的线性黏弹性行为。

在简单剪切模式下，低剪切速率下的连续加载—卸载实验显示，在常规感知的时间尺度（约 1 min）下，弹道明胶接近完全弹性体，其线弹性区应变范围为 0 ～ 0.25，这为选择合适的蠕变应力提供了指导。

本章通过对蠕变实验结果进行分析，采用 Burgers 模型来描述弹道明胶的线性黏弹性行为。本章先对 1 000 Pa 的蠕变实验结果进行拟合，得到模型的 4 个参数值；接着对三组不同应力下的蠕变曲线进行尺度变换，得到一条主曲线；最后用同一参数的模型对主曲线和松弛模量进行预测。结果表明，Burgers 模型能较好地预测弹道明胶在中等时间尺度下的蠕变和应力松弛行为。

综上所述，在不同的时间尺度下，明胶能够展现不同的黏弹性行为。在短时间尺度（< 10 s）下，明胶的线性黏弹性行为可用标准线性固体黏弹性模型来描述；在常规感知尺度（约 1 min）下，明胶接近完全弹性体；对于较长时间尺度（> 3 h），则可用 Burgers 模型来描述；至于更长时间尺度（大于 300 h），限于实验条件，目前还没有展开相关的研究。

第 7 章　弹道明胶的大变形与破裂

7.1 概述

1678 年，胡克提出弹性体中的力与它的伸长量成正比。过了大约 150 年的时间，在 1820 年，A.L.Cauchy 写出了胡克定律的三维公式，确定了物体中任一点的三维应力和变形状态的正确表示方法。在当时的时代背景下，金属和陶瓷是主要使用的工程材料，也是研究人员的主要研究方向。由于这些材料在小变形情况下就发生屈服或破坏，因此仅需要使用小应变张量（在数学上处理为无穷小量）来表达其本构关系。例如，弹性理论中使用的应变张量是忽略了 Lagrangian 应变张量中的高阶小量后得到的无穷小应变张量。尽管无穷小应变张量忽略了应变的高阶小量，但在很多含有结构件或机械零件等重要的工程问题中，由于它们的变形通常非常小，采用无穷小应变能够获得较高的精度，可以满足工程应用的需要。因此，无穷小变形理论仍然有着非常广泛和重要的应用。

随着时间的推移，在第二次世界大战期间，橡胶作为工程材料开始被广泛使用。橡胶变形到三倍拉伸比后仍然能够完全恢复原始形状，与无穷小变形相比，这是大变形下的弹性行为。因此，人们需要表达大变形的胡克定律。Rivlin（1948）首先根据 Finger 变形张量提出了 Neo-Hookean 本构关系来描述橡胶的大变形。Treloar（1944）在高斯统计和分子网络理论的基础上，建立了 Neo-Hookean 的应变能密度函数，然而，该模型只能拟合小拉伸比下的橡胶拉伸实验数据。考虑更一般的情形，让应力成为变形的一般函数，并让材料函数为常数，可以得到 Mooney-Rivlin 本构关系。Mooney-Rivlin 本构关系对橡胶的实验数据给出了更好的拟合，经常在工程计算中使用。但是 Mooney-Rivlin 本构关系对橡胶的压缩数据拟合得不是很好。之后，Rivlin 和 Saunders（1952）的研究发现，材料函数不是常数，而与 Finger 张量的第二不变量相关。后续的一些研究集中在试图找到更好的材料函数以及它们与材料分子结构之间的关系。

材料的本构关系也可以从应变能密度函数推导出来，其基本思想如下：对于处于平衡状态的理想弹性固体，当发生变形后，应力仅仅是材料内能从参考状态所发生变化的函数。很多研究从分子的角度出发，尝试寻找更好的应变能密度函数来描述材料的本构关系。

明胶具有类似弹性体的超弹性行为，在破裂之前能够承受大的剪切或压缩弹性变形，应力—应变曲线展现出应变硬化（strain hardening）的特征。因此，描述明胶的大变形行为本构模型主要依据的是橡胶的超弹性理论研究，常用模型包括 Neo-Hookean、Mooney-Rivlin、Ogden 以及 BST 本构模型等。

McEvoy 等（1985）、Bot 等（1996）等研究表明，BST 模型能较好地描述明胶的大变形行为。之后，针对明胶在剪切或压缩过程中表现出的应变硬化特征，Groot 等（1996）从分子理论的角度分析了明胶在剪切过程中的应变硬化和屈服行为。Drozdov（1998）在对黏弹性固体的力学行为进行深入的研究后，从连续介质力学和热力学角度出发，推导出了用两个参数描述的应变能密度函数来构建黏弹性固体的本构模型。Ottone 和 Deiber（2005）根据 Drozdov 的应变能密度函数，构建了描述明胶有限变形的弹性流变固体模型，并使用该模型描述了一些文献中关于明胶简单剪切和单轴压缩实验数据，结果如图 7.1 所示。从图 7.1 可以看出，弹性流变固体模型能够很好地预测不同浓度明胶的有限变形行为。

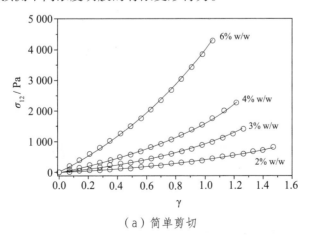

（a）简单剪切

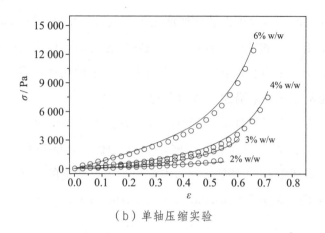

（b）单轴压缩实验

图 7.1　使用弹性流变固体模型预测不同浓度下明胶的
简单剪切和单轴压缩实验数据

Czerner 等（2016）研究了不同浓度、不同胶原蛋白来源（牛或猪）以及不同溶剂成分条件下明胶的单轴压缩实验（应变速率为 25 mm/min），结果表明，一阶 Ogden 本构模型能够较好地描述明胶的单轴压缩实验。

不同于橡胶，明胶的力学参数受很多因素影响，如胶原蛋白来源、明胶制备工艺、样品分子量及分子量分布、浓度、温度、老化时间等。此外，明胶凝胶处于热力学非平衡态，其物理属性会随时间发生演化。在剪切或压缩实验过程中，明胶结构依然在发生变化。因此，使用恒定参数的本构模型来描述明胶的大变形行为是不完整的。在此条件下，Ottone 和 Deiber（2005）引入了一个与老化时间相关的交联度参数，然后根据 Drozdov 的应变能密度函数构建了黏弹性固体模型来描述明胶的有限变形行为。尽管该模型能够很好地预测明胶在简单剪切和单轴压缩下的实验数据，但数学表达式非常复杂。另外，明胶的应力—应变曲线形状是与应变速率紧密相关的。在建立明胶的大变形本构模型时，由于影响因素较多，无法全部考虑。因此，当前的研究主要集中在其他因素保持恒定，某一两个因素变化时的明胶大变形行为。

弹道明胶在简单剪切和单轴压缩实验中表现出非线性弹性大变形行为。本章对常用的大变形本构关系进行比较分析，考虑到弹道明胶的老化行为和黏弹性行为，采用 BST 模型和弹性流变模型描述弹道明胶的大变形；然后使用这两个模型分别对剪切实验和压缩实验进行拟合，获得相应的模型参数值，并对结果进行比较；最后分析低应变速率条件下剪切速率、老化时间、温度对应力—应变曲线以及破裂应力和破裂应变的影响。

7.2　大变形应变张量

7.2.1　变形梯度

材料受到外力作用后，其形状和尺寸会发生变化。为了描述这种变化，人们通常选取材料中任一点以及与它邻近的一点，建立这两点所构成的向量在变形前和变形后的关系。根据前面的描述，通过应力张量，人们可以确定材料中任一点的应力状态。类似地，如果能找到一个张量，将其作为材料的变形量度，就能够建立弹性固体的三维本构方程。

假设一个物体在参考时间 t_0 内具有某一种空间状态，它在受到外力作用后，在 t 时刻变化成另一种状态。材料中某一点 P 的初始位置向量为 X。当物体经历位移 u 后，在 t 时刻，点 P 新的位置向量为

$$x = X + u(X, t) \tag{7.1}$$

式中，X 和 x 分别表示参考时间 t_0 和当前时间 t 的位置向量，如图 7.2（a）所示。

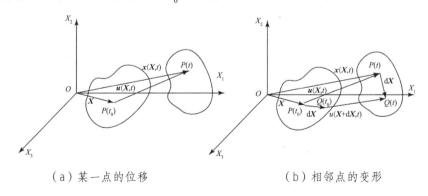

（a）某一点的位移　　　　　　　　（b）相邻点的变形

图 7.2　材料变形

在 t_0 时刻，与点 P 相距 $\mathrm{d}X$ 的邻近一点 Q 的位置向量为 $X + \mathrm{d}X$。经历变形后，点 Q 的位置向量为

$$x + \mathrm{d}x = X + \mathrm{d}X + u(X + \mathrm{d}X, t) \qquad (7.2)$$

式中，$\mathrm{d}x$ 为 t 时刻，点 P 和 Q 之间的距离向量，如图 7.2（b）所示。用式（7.2）减去式（7.1），得到

$$\mathrm{d}x = \mathrm{d}X + u(X + \mathrm{d}X, t) - u(X, t) \qquad (7.3)$$

根据向量梯度的定义，

$$\mathrm{d}v = v(r + \mathrm{d}r) - v(r) = (\nabla v)\mathrm{d}r \qquad (7.4)$$

式中，r 为位置向量。

则式（7.3）可以表述为

$$\mathrm{d}x = \mathrm{d}X + (\nabla u)\mathrm{d}X \qquad (7.5)$$

式中，∇u 为位移梯度。标量的梯度是向量，向量的梯度则是二阶张量。因此，∇u 是二阶张量，在笛卡儿坐标系下，它具有如下形式：

$$\nabla u = \begin{pmatrix} \dfrac{\partial u_1}{\partial X_1} & \dfrac{\partial u_1}{\partial X_2} & \dfrac{\partial u_1}{\partial X_3} \\[2mm] \dfrac{\partial u_2}{\partial X_1} & \dfrac{\partial u_2}{\partial X_2} & \dfrac{\partial u_2}{\partial X_3} \\[2mm] \dfrac{\partial u_3}{\partial X_1} & \dfrac{\partial u_3}{\partial X_2} & \dfrac{\partial u_3}{\partial X_3} \end{pmatrix} \qquad (7.6)$$

根据位移梯度，可以定义一个新的二阶张量 F，即

$$F = I + \nabla u \qquad (7.7)$$

式中，I 为单位张量；F 为变形梯度（deformation gradient）。式（7.5）可以写成如下形式：

$$\mathrm{d}x = F\mathrm{d}X \qquad (7.8)$$

应力张量描述了材料中任意一点的应力状态，可以确定任意平面上的力。变形梯度建立了材料中微元变形前与变形后之间的关系，可以描述材料中任意一点的变形和旋转状态。另外，应力张量只取决于当前受力状态，

而变形梯度同时取决于当前和过去的变形状态。

7.2.2 Finger 张量

根据极分解定理（polar decomposition theorem），具有非零行列式的任意实数张量 F（F^{-1}）存在，总是可以分解为一个正交张量和一个对称张量的乘积。该定理可表示为

$$F = RU = VR \qquad （7.9）$$

式中，U 和 V 分别为右伸长张量和左伸长张量，均是正定的对称张量；R 为正交张量。

对于位于 X 位置的任意材料微元 $\mathrm{d}X$，变形梯度将其变换为 $\mathrm{d}x$。根据式（7.9），得到

$$\mathrm{d}x = F\mathrm{d}X = RU\mathrm{d}X = VR\mathrm{d}X \qquad （7.10）$$

式中，$U\mathrm{d}X$ 描述了在三个主应变方向上的纯拉伸变形（伸长或缩短）；$RU\mathrm{d}X$ 中 R 的作用是刚体旋转。类似地，相同的变形梯度 F 对 $\mathrm{d}X$ 的影响可以通过先对其进行刚体旋转 $R\mathrm{d}X$，然后进行纯拉伸 $VR\mathrm{d}X$ 得到。

从几何角度来看，物体的运动是先旋转后拉伸，或是先拉伸后旋转，其结果是没有差别的。然而，这两种不同的运动顺序会产生两个不同的伸长张量 U 和 V，它们的分量有不同的几何意义。另外，根据这两个伸长张量，人们可以定义两个不同的应变张量。下面将给出这两个张量的定义。

根据前面的描述，变形梯度同时包含了物体的变形和刚体旋转信息。材料的力学行为是通过变形或变形速率来确定的，而非刚体旋转运动。因此，人们不希望旋转影响材料的力学响应，就需要在变形梯度中移除旋转的影响。

为了移除旋转部分，将变形梯度乘以它的转置，得到

$$FF^{\mathrm{T}} = VR(VR)^{\mathrm{T}} = VRR^{\mathrm{T}}V = V^2 \qquad （7.11）$$

在式（7.11）中，由于 R 是正交张量，有 $R^{\mathrm{T}}=R^{-1}$，$RR^{\mathrm{T}}=RR^{-1}$，这表示先旋转一个角度，然后反向旋转相同的角度回到原先状态。因此，张量 FF^{T} 中不含刚体旋转信息。可以定义一个新的张量：

$$B = FF^{\mathrm{T}} = V^2 \qquad (7.12)$$

式中，张量 B 称为 Finger 变形张量（也称为左 Cauchy-Green 变形张量）。

7.2.3 其他应变张量

交换 F 与 F^{T} 乘积的顺序，可以得到另一个张量：

$$C = F^{\mathrm{T}}F = (RU)^{\mathrm{T}}RU = U^{\mathrm{T}}R^{\mathrm{T}}RU = U^2 \qquad (7.13)$$

式中，张量 C 称为 Green 变形张量或右 Cauchy-Green 变形张量。当 $C=I$ 时，对应刚体运动（平移或旋转）。

根据 Green 变形张量，可以定义如下 Lagrangian 应变张量：

$$E^* = \frac{1}{2}(C - I) \qquad (7.14)$$

类似地，根据 Finger 变形张量，可以定义 Eulerian 应变张量：

$$e^* = \frac{1}{2}(I - B^{-1}) \qquad (7.15)$$

上面定义的这些张量通常被用来描述连续介质的大变形。在某一特殊的情况下，一个应变张量可能比其他的应变张量更适合描述这种情况。例如，张量 B 是独立于观察者的，而张量 C 是非客观的。这个重要的差别使用张量 B 来描述橡胶的应力—变形关系时与实验数据更相符。

7.2.4 张量的主标量不变量

实对称张量的特征值都是实数。因此，二阶实对称张量总是存在三个特征值，称为主值（principal values）。与这三个特征值对应的是特征向量，称为主方向（principal directions），这三个主方向彼此之间是相互垂直的。

当应力张量 T 有非零特征向量时，（$T-\lambda I$）的行列式为零，即

$$\left| T_{ij} - \lambda I_{ij} \right| = 0 \qquad (7.16)$$

展开式（7.16）得到应力张量 T 的特征方程为

$$\lambda^3 - \mathrm{I}_T \lambda^2 + \mathrm{II}_T \lambda - \mathrm{III}_T = 0 \tag{7.17}$$

其中，

$$\mathrm{I}_T = T_{11} + T_{22} + T_{33} = \mathrm{tr}\boldsymbol{T} \tag{7.18}$$

$$\mathrm{II}_T = \begin{vmatrix} T_{11} & T_{12} \\ T_{21} & T_{22} \end{vmatrix} + \begin{vmatrix} T_{22} & T_{23} \\ T_{32} & T_{33} \end{vmatrix} + \begin{vmatrix} T_{11} & T_{13} \\ T_{31} & T_{33} \end{vmatrix} = \frac{1}{2}\left[(\mathrm{tr}\boldsymbol{T})^2 - \mathrm{tr}(\boldsymbol{T}^2) \right] \tag{7.19}$$

$$\mathrm{III}_T = \begin{vmatrix} T_{11} & T_{12} & T_{13} \\ T_{21} & T_{22} & T_{23} \\ T_{31} & T_{32} & T_{33} \end{vmatrix} = \det \boldsymbol{T} \tag{7.20}$$

式中，I_T，II_T，III_T 分别为应力张量 $\boldsymbol{T}$ 的第一、第二和第三不变量。它们被称为不变量是因为不管选择哪一种坐标系来表达应力张量 $\boldsymbol{T}$，它们的值均不发生改变。因此，可以根据应变张量的三个不变量写出独立于坐标系的本构方程。

7.2.5　单轴拉伸和简单剪切变形下的 $\boldsymbol{B}$ 和 $\boldsymbol{C}$

1. 单轴拉伸或压缩

假设物体在变形前的尺寸分别为 $\Delta x_1{}'$，$\Delta x_2{}'$，$\Delta x_3{}'$，变形后所对应的尺寸为 Δx_1，Δx_2，Δx_3。物体中点 P 的初始坐标为（$x_1{}'$, $x_2{}'$, $x_3{}'$），变形后点 P 的坐标变成了（x_1, x_2, x_3）。用变形梯度 $\boldsymbol{F}$ 表示点 P 坐标变化前和变化后的位置关系。根据图 7.3 的几何关系，可以得到当前位置点 P 的坐标：

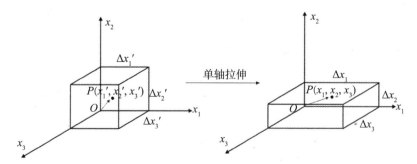

图 7.3　单轴拉伸变形原理图（x_1 方向）

$$x_1 = \frac{\Delta x_1}{\Delta x_1'} x_1' = \lambda_1 x_1' \tag{7.21}$$

$$x_2 = \frac{\Delta x_2}{\Delta x_2'} x_2' = \lambda_2 x_2' \tag{7.22}$$

$$x_3 = \frac{\Delta x_3}{\Delta x_3'} x_3' = \lambda_3 x_3' \tag{7.23}$$

式中，λ_1，λ_2 和 λ_3 分别为 x_1，x_2 和 x_3 方向上的拉伸比。

根据 $\boldsymbol{F}$ 的定义 [式（7.7）]，得到单轴拉伸或压缩实验中变形梯度的表达式为

$$\boldsymbol{F} = \begin{pmatrix} \lambda_1 & 0 & 0 \\ 0 & \lambda_2 & 0 \\ 0 & 0 & \lambda_3 \end{pmatrix} \tag{7.24}$$

根据 Finger 张量的定义 [式（7.12）]，可以得到单轴拉伸或压缩的 Finger 张量和 Green 张量为

$$\boldsymbol{B} = \boldsymbol{C} = \begin{pmatrix} \lambda_1^2 & 0 & 0 \\ 0 & \lambda_1^{-1} & 0 \\ 0 & 0 & \lambda_1^{-1} \end{pmatrix} \tag{7.25}$$

在简单拉伸或压缩实验中，Finger 张量和 Green 张量的表达形式是一样的。

2. 简单剪切

根据图 7.4，可以得到点 P 变形后坐标与变形前坐标的函数关系：

$$x_1 = x_1' + \frac{s}{\Delta x_2'} x_2' = x_1' + \gamma x_2' \tag{7.26}$$

式中，γ 为 x_1 方向上的剪切应变。在简单剪切变形中，点 P 的另外两个方向上的坐标保持不变，即

$$x_2 = x_2' \tag{7.27}$$

$$x_3 = x_3' \tag{7.28}$$

因此，可以写出变形梯度表达式：

$$\boldsymbol{F} = \begin{pmatrix} 1 & \gamma & 0 \\ 0 & 1 & 0 \\ 0 & 0 & 1 \end{pmatrix}$$

（7.29）

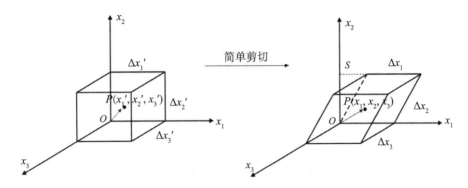

图 7.4　简单剪切变形原理图（x_1 方向）

类似地，可以计算出简单剪切下的 Finger 张量和 Green 张量为

$$\boldsymbol{B} = \begin{pmatrix} 1+\gamma^2 & \gamma & 0 \\ \gamma & 1 & 0 \\ 0 & 0 & 1 \end{pmatrix}$$

（7.30）

$$\boldsymbol{C} = \begin{pmatrix} 1 & \gamma & 0 \\ \gamma & 1+\gamma^2 & 0 \\ 0 & 0 & 1 \end{pmatrix}$$

（7.31）

7.3　大变形本构关系

对于各向同性弹性材料，人们可以根据材料的应变能密度与 Finger 张量的三个不变量之间的方程来定义材料在大变形条件下的本构关系。

若以三个不变量来表达应变能密度函数 w（I_B，II_B，III_B），则应力分量为

$$\sigma_{ij} = \frac{2}{\sqrt{\mathrm{III}_B}}\left[\left(\frac{\partial w}{\partial \mathrm{I}_B} + \mathrm{I}_B\frac{\partial w}{\partial \mathrm{II}_B}\right)B_{ij} - \frac{\partial w}{\partial \mathrm{II}_B}B_{ik}B_{kj}\right] + 2\sqrt{\mathrm{III}_B}\frac{\partial w}{\partial \mathrm{III}_B}\delta_{ij} \quad (7.32)$$

对于理想的不可压缩材料，有 $\mathrm{III}_B = 1$，则应变能密度 w 仅是 Finger 张量第一、第二不变量的函数。另外，对于不可压缩材料而言，施加任意的压力并不改变它的形状，根据应变并不能唯一确定应力。因此，应力—应变关系仅指定了偏应力。

根据应变能密度函数，理想不可压缩材料的应力分量为

$$\sigma_{ij} = 2\left[\left(\frac{\partial w}{\partial \mathrm{I}_B} + \mathrm{I}_B\frac{\partial w}{\partial \mathrm{II}_B}\right)B_{ij} - \left(\mathrm{I}_B\frac{\partial w}{\partial \mathrm{I}_B} + 2\mathrm{II}_B\frac{\partial w}{\partial \mathrm{II}_B}\right)\frac{\delta_{ij}}{3} - \frac{\partial w}{\partial \mathrm{II}_B}B_{ik}B_{kj}\right] + p\delta_{ij} \quad (7.33)$$

式中，压力 p 需要根据边界条件来确定。

若根据主拉伸比来表述应变能密度函数 $w(\lambda_1, \lambda_2, \lambda_3)$，则应力分量可以写成

$$\sigma_{ij} = \frac{\lambda_1}{\lambda_1\lambda_2\lambda_3}\frac{\partial w}{\partial \lambda_1}b_i^{(1)}b_j^{(1)} + \frac{\lambda_2}{\lambda_1\lambda_2\lambda_3}\frac{\partial w}{\partial \lambda_2}b_i^{(2)}b_j^{(2)} + \frac{\lambda_3}{\lambda_1\lambda_2\lambda_3}\frac{\partial w}{\partial \lambda_3}b_i^{(3)}b_j^{(3)} \quad (7.34)$$

式中，λ_1，λ_2 和 λ_3 分别为三个主方向上的拉伸比；$b_i^{(1)}$，$b_i^{(2)}$ 和 $b_i^{(3)}$ 分别为三个主方向上单位向量的第 i 个分量。

下面介绍几个常用的描述材料在大变形条件下的本构关系的模型。它们是由 Mooney、Rivlin 以及 Treloar 等人在研究橡胶的弹性变形行为过程中逐步提出来的。后来，Odgen 和 Blatz 等人又相继提出一些新的描述橡胶类材料的超弹性本构关系的模型。

7.3.1 Neo-Hookean 本构关系

Treloar（1944）在高斯统计和分子网络理论的基础上，建立了 Neo-Hookean 的应变能密度函数，即

$$w = \frac{1}{2}\mu(\mathrm{I}_B - 3) \quad (7.35)$$

式中，μ 为材料常数；I_B 为 Finger 张量的第一不变量，其值为三个主拉伸

比的平方和（$\lambda_1^2 + \lambda_2^2 + \lambda_3^2$）。根据统计力学，可以预测$\mu = Nk_BT$，这里$N$为单位体积内的聚合物链数，$k_B$为 Boltzmann 常数，$T$为绝对温度。在小应变条件下，$\mu$是剪切模量$G$。

Rivlin 和 Saunders（1948,1951,1952）在一系列的论文中建立了各向同性弹性大变形的一般数学理论。他们首先根据 Finger 变形张量 $\boldsymbol{B}$ 写出了 Neo-Hookean 本构关系：

$$\boldsymbol{\tau} = G\boldsymbol{B} \text{ 或 } \boldsymbol{T} = -p\boldsymbol{I} + G\boldsymbol{B} \tag{7.36}$$

式中，$\boldsymbol{\tau}$为偏应力张量；p为压力；G为剪切模量。该模型也被称为简单 Hookean 本构方程，用来描述橡胶的大变形行为。

1. 简单剪切

根据简单剪切的 Finger 张量表达式 [式（7.30）]，利用式（7.36），计算得到 Neo-Hookean 本构关系的剪切应力与剪切应变的表达式为

$$T_{12} = G\gamma \tag{7.37}$$

从式（7.37）可以看出，使用 Neo-Hookean 本构关系预测材料的力学行为时，在整个应变范围内，切应力与切应变成线性关系。

同样，可以计算简单剪切下的法向应力差：

$$T_{11} - T_{22} = G\gamma^2 \tag{7.38}$$

$$T_{22} - T_{33} = 0 \tag{7.39}$$

第一法向应力差N_1随应变的二次方增加，第二法向应力差N_2为零。

2. 单轴拉伸

类似地，利用式（7.36）可以得到 Neo-Hookean 本构关系预测单轴拉伸的应力—应变关系的表达式：

$$T_{11} = -p + G\lambda_1 \tag{7.40}$$

$$T_{22} = T_{33} = -p + \frac{G}{\lambda_1} \tag{7.41}$$

由于是单轴拉伸（假设负载作用在x_1方向上），x_2和x_3方向上的应力

为零，即 $T_{22} = T_{33} = 0$，$p = \dfrac{G}{\lambda_1}$。因此，可以得到模型预测的正应力与拉伸比的关系为

$$T_{11} = G(\lambda_1^2 - \frac{1}{\lambda_1}) \tag{7.42}$$

Neo-Hookean 模型对硅橡胶在低拉伸比（$\lambda_1 < 1.3$）下的实验数据给出了较好的拟合。但在较高的拉伸比（$\lambda_1 > 1.5$）下，拉伸应力与模型预测值偏差很大。

7.3.2 广义弹性固体模型

在 Neo-Hookean 模型中，剪切应力与剪切应变是成线性关系的。如果让应力作为变形的一般函数，就可以得到更通用的模型，即

$$\boldsymbol{T} = f(\boldsymbol{B}) \tag{7.43a}$$

将式（7.43a）展开成幂级数形式，得到

$$\boldsymbol{T} = f_0\boldsymbol{I} + f_1\boldsymbol{B} + f_2\boldsymbol{B}^2 + f_3\boldsymbol{B}^3 + \cdots \tag{7.43b}$$

根据 Cayley Hamilton 定理，任意张量满足它自己的特征方程。式（7.43b）可以简化为

$$\boldsymbol{T} = g_0\boldsymbol{I} + g_1\boldsymbol{B} + g_2\boldsymbol{B}^{-1} \tag{7.44}$$

式中，g_0，g_1 和 g_2 分别为 $\boldsymbol{B}$ 的不变量的标量函数，称为材料函数（material functions）。对于各向同性不可压缩材料，$g_0 = -p$，$\mathrm{III}_B = 1$。g 仅是 I_B 和 II_B 的函数，即

$$\boldsymbol{T} = -p\boldsymbol{I} + g_1(\mathrm{I}_B, \mathrm{II}_B)\boldsymbol{B} + g_2(\mathrm{I}_B, \mathrm{II}_B)\boldsymbol{B}^{-1} \tag{7.45}$$

当 $g_1 = G$，$g_2 = 0$ 时，式（7.45）即为 Neo-Hookean 模型。由此可见，Neo-Hookean 模型是广义弹性固体模型的一种特殊情况。

7.3.3 Mooney–Rivlin 模型

当式（7.45）中的材料函数 g_1 和 g_2 为常数时，得到 Mooney-Rivlin 方程：

$$T = -pI + 2C_1B - 2C_2B^{-1} \qquad (7.46)$$

式中，C_1 和 C_2 为弹性常数。

Mooney 和 Rivlin 分别提出，应变能函数能够根据第一不变量 I_B 和第二不变量 II_B 展开成无穷级数的形式，即

$$w = \sum_{m,n=0}^{\infty} C_{mn}(I_B - 3)^m (II_B - 3)^n, \ C_{00} = 0 \qquad (7.47)$$

式中，C_{mn} 为常数。Mooney-Rivlin 模型的应变能函数

$$w = C_1 I_B + C_2 II_B \qquad (7.48)$$

为式（7.47）的一种特殊情形。

1. 简单剪切

在简单剪切实验中，剪切应力与剪切应变的关系为

$$\tau = 2(C_1 + C_2)\gamma \qquad (7.49)$$

显然，$2（C_1+C_2）$ 等于剪切模量 G。与 Neo-Hookean 模型类似，在简单剪切下，Mooney-Rivlin 模型的切应力与切应变成线性关系。

2. 单轴拉伸

在单轴拉伸中，法向应力差与拉伸比的关系为

$$\sigma_{11} - \sigma_{22} = \left(2C_1 + \frac{2C_2}{\lambda_1}\right)\left(\lambda_1^2 - \frac{1}{\lambda_1}\right) \qquad (7.50)$$

Mooney-Rivlin 模型对硅橡胶的拉伸和压缩实验数据给出了很好的拟合。Mooney-Rivlin 模型在工程上得到了广泛的应用。

7.3.4 Ogden 模型

基于如下目的：构造的应变能函数能够对橡胶类固体的力学响应提供充分的描述，且足够简单，可以通过数学分析进行处理。Ogden（1972）提出一个由应变不变量的线性组合构成的应变能函数，即

$$w = \sum_{i=1}^{N} \frac{2\mu_i}{\alpha_i^2}(\lambda_1^{\alpha_i} + \lambda_2^{\alpha_i} + \lambda_3^{\alpha_i} - 3) \qquad (7.51)$$

式中，μ_i, α_i 为材料属性；主拉伸比 $\lambda_1, \lambda_2, \lambda_3$ 为独立变量，满足不可压缩条件：$\lambda_1\lambda_2\lambda_3 = 1$。

1. 简单剪切

在简单剪切实验中，一阶 Ogden 本构关系为

$$\tau = \mu \frac{\lambda^{\alpha} - \lambda^{-\alpha}}{\lambda + \lambda^{-1}} \qquad (7.52)$$

2. 单轴拉伸

在单轴拉伸实验中，一阶 Ogden 本构关系为

$$\sigma = \frac{2\mu}{\alpha}\left(\lambda^{\alpha-1} - \lambda^{-\frac{\alpha}{2}-1}\right) \qquad (7.53)$$

式中，μ 为初始剪切模量；α 为应变硬化能力参数。

7.3.5 BST 模型

Blatz 等（1974）根据广义的应变测量提出一个应变能密度函数，建立了橡胶类材料在大变形下的本构方程，简称 BST 模型。该应变能密度函数可表达为

$$w[\mathrm{I}_1(n)] = \sum_{k=1}^{\infty} C(n)[\mathrm{I}_1(n) - 3]^k \qquad (7.54)$$

式中，I_1 为 Lagrangian 应变的第一不变量，可以表达为

$$\mathrm{I}_1(n) = \sum_{i=1}^{3} L_i^n \tag{7.55}$$

1.简单剪切

在简单剪切实验中，剪切应力为

$$\tau = 2\left(\frac{\partial w}{\partial I_1} + \frac{\partial w}{\partial I_2}\right)\gamma \tag{7.56}$$

联立式（7.54）和式（7.56），得到

$$\tau = \frac{2G}{n}\left(\frac{L^n - L^{-n}}{L + L^{-1}}\right) \tag{7.57}$$

式中，L 为主拉伸比，其值为

$$L = \frac{1}{2}\left(\gamma + \sqrt{\gamma^2 + 4}\right) \tag{7.58}$$

2.单轴压缩

在单轴压缩实验中，应力的表达式为

$$\sigma = \frac{2G}{n}\left(L^n - L^{-2n}\right) \tag{7.59}$$

BST 本构方程引入了两个参数：一个是剪切模量 G；另一个是弹性参数 n，取值范围为 2 ～ 5.5，其中 $n=2$ 对应着理想的橡胶弹性网络。

7.3.6　弹性流变模型

Drozdov（1998）从连续介质力学和热力学角度出发，推导出了用两个参数描述的应变能密度函数来构建黏弹性固体的本构关系。该应变能密度函数可表示为

$$w(t) = \frac{c_1}{2}(I_B - 3) + \frac{c_2}{2}\left[2(I_B - 3) + \frac{3}{4}(I_B - 3)^2 - (II_B - 3)\right] \tag{7.60}$$

式中，$c_1 = \dfrac{G_1}{(\rho_0 X)}$，$c_2 = \dfrac{G_2}{(\rho_0 X)}$，$\rho_0$ 为大分子的密度，X 为分子网络结构中

单位质量所包含的链数，G_1 和 G_2 分别为剪切松弛模量；I_B 和 II_B 分别为 Finger 张量的第一和第二不变量。

Ottone 和 Deiber（2005）使用了该应变能密度函数来描述明胶凝胶的应力和应变关系。根据超弹性理论，应力张量表达式为

$$\sigma(t) = -p\boldsymbol{I} + 2\rho_0 X \times \left[\left(\frac{\partial w}{\partial \mathrm{I}_B}(\mathrm{I}_B, \mathrm{II}_B) + \mathrm{I}_B \frac{\partial w}{\partial \mathrm{II}_B}(\mathrm{I}_B, \mathrm{II}_B)\right)\boldsymbol{B} - \frac{\partial w}{\partial \mathrm{II}_B}(\mathrm{I}_B, \mathrm{II}_B)\boldsymbol{B}^2\right] \quad (7.61)$$

式中，ρ 为压力；$\boldsymbol{I}$ 为单位张量；$\boldsymbol{B}$ 为 Finger 张量；I_B 和 II_B 分别为 $\boldsymbol{B}$ 的第一和第二不变量。

联立式（7.60）和式（7.61），可以求出应力张量的表达式为

$$\sigma(t) = -p\boldsymbol{I} + \left[G_1 + \frac{G_2}{2}(\mathrm{I}_B - 5)\right]\boldsymbol{B}(t) + G_2 \boldsymbol{B}(t) \cdot \boldsymbol{B}(t) \quad (7.62)$$

式（7.62）称为弹性流变模型（elastic rheological model，ER 模型）。

1. 简单剪切

在简单剪切实验中，根据式（7.62）推导出剪切应力为

$$\tau = (G_1 + G_2)\gamma + \frac{3}{2}G_2\gamma^3 \quad (7.63)$$

法向应力差为

$$N_1 = \sigma_{11} - \sigma_{22} = (G_1 + G_2)\gamma^2 + \frac{3}{2}G_2\gamma^4 \quad (7.64)$$

2. 单轴压缩

在单轴压缩实验中，根据式（7.62）可以推导出法向应力表达式为

$$\sigma(t) = \left(G_1 - \frac{5}{2}G_2\right)\left[L(t)^2 - \frac{1}{L(t)^4}\right] + G_2\left[2L(t)^4 - \frac{1}{2L(t)^2} - \frac{3}{2}\frac{1}{L(t)^8}\right] \quad (7.65)$$

式中，$L(t) = \dfrac{l}{l_0}$ 为主拉伸比。

7.4 弹道明胶大变形本构方程与破裂准则

弹道明胶的剪切实验是在 Bohlin Gemini-200 旋转流变仪上完成的，测量系统采用直径为 25 mm 的锥板，锥角为 5.4°。为了防止剪切实验过程中出现滑移，锥板表面进行了磨砂处理。

单轴压缩实验是在 Zwick/Roell Z020 万能材料试验机上进行的，如图 7.5 所示。试验机的下底板固定不动，将明胶样品放置于下底板正中央，控制上压板向下运动至样品顶端面，设置好零位。本节通过精确控制上压板向下的距离，得到轴向的位移，同时根据上压板上方的力传感器测量压缩过程中产生的轴向正压力。上压板与下底板之间的平行度和同轴度很高且表面光滑，以保证实现一维应力压缩。根据仪器所测量到的压力和位移，结合压缩试样的尺寸，可以计算出材料的力学参数。

压缩实验中使用的明胶样品规格为 Φ40 mm × 40 mm 的圆柱体。制作好的明胶样品保存在医用恒温箱中（4 ℃），老化不同的时间后进行压缩实验。实验环境温度使用空调进行控制（保持在 22 ℃），为避免实验过程中样品温升过大，每组压缩实验在 2 ~ 3 min 内完成，压缩实验完成后对样品内部进行温度测量，温升均在 1 ℃内。本节试验机的上压板和下底板进行了润滑处理，以减小样品端面和压板之间的摩擦影响。

图 7.5 在 Zwick/Roell Z020 万能材料试验机上进行弹道明胶单轴压缩实验

在简单剪切实验中，本节通过改变老化时间和应变速率（范围为 0.000 6 ～ 0.3 s⁻¹），分析 4 ℃、7 ℃和 9 ℃三个温度下弹道明胶的应力与应变之间的关系。在单轴压缩实验中，试验机的应变速率范围为 0.004 ～ 0.208 s⁻¹。明胶样品一般压缩到 60% ～ 75%。在对弹道明胶的大变形进行描述时，实验数据显示到明胶出现破裂为止。

7.4.1 不同因素对弹道明胶应力—应变曲线的影响

1. 弹道明胶的应力—应变曲线

由于研究的是弹道明胶的大变形行为，因此在单轴压缩实验中，选择真应变或拉伸比作为变量。假定压缩过程中明胶的体积保持不变，可以计算出真应变（也称为 Hencky 应变）和真应力分别为

$$\varepsilon_T = \int_{l_0}^{l} \frac{\mathrm{d}l}{l} = \ln \frac{l}{l_0} = \ln\left(1 + \varepsilon_E\right) \tag{7.66}$$

$$\sigma_T = \frac{F}{\pi R^2} \frac{l}{l_0} = \sigma_E \left(1 + \varepsilon_E\right) \tag{7.67}$$

式中，ε_T, ε_E, σ_T 和 σ_E 分别为真应变、工程应变、真应力和工程应力；F, R, l_0 和 l 分别为施加的负载、样品原始半径、样品原始长度以及当前长度。

根据式（7.66），可以得到真应变 ε_T 与拉伸比 L 的关系为

$$\varepsilon_T = \ln \frac{l}{l_0} = \ln\left(L\right) \text{ 或 } L = \mathrm{e}^{\varepsilon_T} \tag{7.68}$$

需要注意的是，拉伸比也可以用 λ 表示。

图 7.6 为 4 ℃下老化 24 h 的弹道明胶的真应力—真应变曲线（简单剪切和单轴压缩）。从图 7.6 可以看出，剪切和压缩的真应力—真应变曲线都是非线性的，具有明显的应变硬化特征。在破裂之前，样品能承受很大的剪切和压缩变形。在这两类实验中，明胶样品发生破裂时的应变均超过了 1。

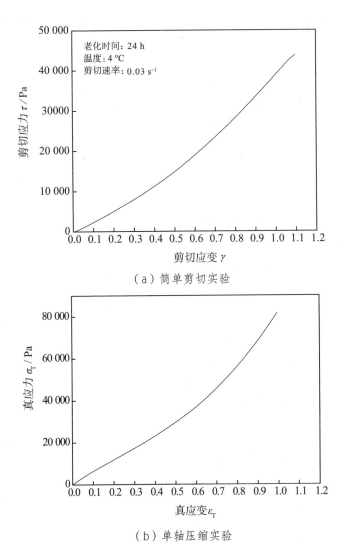

（a）简单剪切实验

（b）单轴压缩实验

图7.6　弹道明胶的真应力—真应变曲线

图7.7为硫化橡胶的力—拉伸曲线。结合图7.6和图7.7可以看出，弹道明胶具有与硫化橡胶相似的力学特征。因此，明胶的有限变形模型主要利用的是橡胶超弹性理论的研究成果。然而，明胶的力学行为比橡胶更复杂，在构建大变形条件下的本构模型时，需要考虑的因素更多。因此，接下来主要讨论其他因素保持不变的条件下，老化时间和剪切速率变化时对弹道明胶的应力—应变曲线的影响。

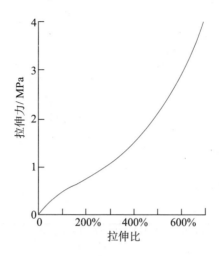

图 7.7　硫化橡胶的力—拉伸曲线

2.老化时间对应力—应变曲线的影响

弹道明胶处于非热力学平衡态，其结构持续演化，具体表现为弹性模量随时间逐渐增大。图 7.8 为不同老化时间下的应力—应变曲线。

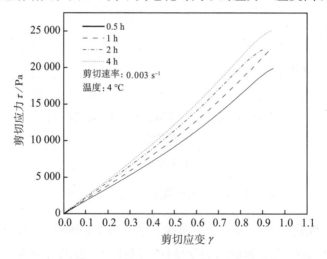

图 7.8　不同老化时间下应力—应变曲线

从图 7.8 可以看出，随着老化时间的变长，弹道明胶的应力—应变曲线会变陡，说明样品的弹性模量随时间增大。随着老化时间变长，应力—应变曲线越来越接近，表明弹性模量的变化速率随老化时间逐渐降低。

3. 剪切速率对应力—应变曲线的影响

弹道明胶的应力—应变曲线不仅与老化时间有关,还与剪切速率相关。图7.9为弹道明胶样品老化1 h后,不同剪切速率下的应力—应变曲线。从图7.9可以看出,剪切速率不仅会影响曲线的陡峭,还会影响样品破裂时的应变和应力。剪切速率越大,曲线越陡,发生破裂时的应变和应力也越大。

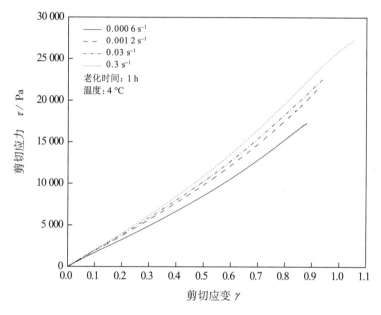

图7.9 弹道明胶老化1 h后,不同剪切速率下的应力—应变曲线

本书第5章从微观角度解释了明胶的老化过程,可知明胶凝胶的老化是结构中剩余的无规线团逐渐加入交联网络结构中的过程,明胶的结构从黏弹性网络逐渐向弹性网络转变。因此,随着老化时间变长,明胶的黏弹性特征逐渐减弱,而弹性特征占主导地位。换言之,剪切速率对应力—应变曲线的影响会减弱。图7.10和图7.11分别为当老化时间达到4 h,在简单剪切和单轴压缩实验中,不同剪切速率下的应力—应变曲线。应变速率对弹道明胶的应力—应变曲线的影响可以忽略。

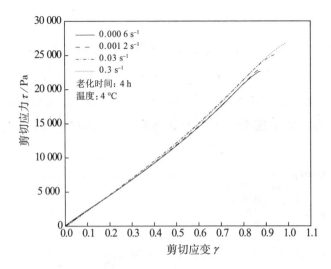

图 7.10 弹道明胶老化 4 h，简单剪切实验中不同剪切速率下的应力—应变曲线

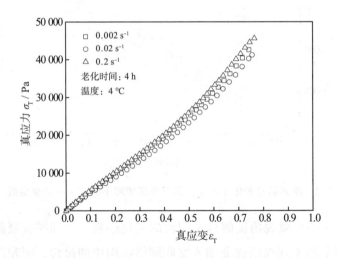

图 7.11 弹道明胶老化 4 h，单轴压缩实验中不同应变速率下的真应力—真应变曲线

对于理想的弹性体，在弹性范围内，应力与应变成线性关系，与应变速率无关。对于理想的黏性流体，应力与应变速率成线性关系。图 7.9 的结果表明，老化 1 h 的弹道明胶具有典型的黏弹性行为，应力—应变曲线对应变速率非常敏感。图 7.10 和图 7.11 说明，随着老化时间变长，弹道明胶的黏弹性行为逐渐减弱，弹性特征逐渐占主导。也就是说，弹道明胶从黏弹性网络向弹性网络转换。这与第 5 章给出的明胶老化的微观解释是相符的。

7.4.2　用 BST 模型和 ER 模型预测弹道明胶的大变形

本章 7.3 节介绍了在橡胶的弹性理论研究过程中得到的广泛应用的大变形本构关系。由图 7.6 可知，弹道明胶在简单剪切实验和单轴压缩实验中均表现出大范围的非线性弹性变形，只有在较小应变（$\gamma < 0.25$）下，剪切应力与剪切应变近似成线性关系。Mooney-Rivlin 本构关系给出了在简单剪切实验中，剪应力与剪应变成线性关系 [式（7.49）]。显然，Mooney-Rivlin 本构关系只适用于描述弹道明胶在较小变形下的简单剪切实验。

需要注意的是，7.3 节讨论的常用大变形本构关系仅适用于描述弹性固体的力学行为，即应变速率的变化对材料的应力—应变曲线没有影响。然而，由图 7.9 可知，在较短的老化时间下，弹道明胶表现出明显的黏弹性特征，其应力—应变曲线对应变速率的变化很敏感。随着老化时间的增加（大于 1 h），弹道明胶的黏弹性特征逐渐减弱，弹性行为开始占主导地位。应变速率的变化对弹道明胶的应力—应变曲线的影响可以忽略。由此可知，前面所介绍的大变形本构关系仅适用于描述弹道明胶在温度较低、老化时间较长（大于 4 h）条件下的大变形情形。在实验温度较高、老化时间较短（小于 4 h）的条件下，实验必须考虑弹道明胶的黏弹性特征。根据相关的文献可知，在高应变速率（$> 1\,000\ \text{s}^{-1}$）下，即便在低温、老化时间较长的条件下，明胶的应力—应变曲线对应变速率仍然很敏感。因此，图 7.10 和图 7.11 所得出的结论仅适用于低应变速率条件下的剪切和压缩实验。

1.分别拟合简单剪切和单轴压缩实验数据

下面采用 BST 模型和 ER 模型来拟合弹道明胶老化 4 h 的简单剪切和单轴压缩实验数据，并对这两个模型的拟合结果进行比较。在 BST 模型和 ER 模型中，应力表达式是以拉伸比为自变量的 [式（7.59）和式（7.65）]。在单轴压缩实验中，选择真应变和真应力为变量。在对简单压缩实验数据进行拟合时，需要进行变换。

分别对式（7.59）和式（7.65）以真应变作为变量，得到

$$\sigma = \frac{2G}{n}\left(e^{n\varepsilon_{\mathrm{T}}} - e^{-2n\varepsilon_{\mathrm{T}}}\right) \tag{7.69}$$

$$\sigma(t) = \left(G_1 - \frac{5}{2}G_2\right)\left(e^{2\varepsilon_{\mathrm{T}}} - \frac{1}{e^{4\varepsilon_{\mathrm{T}}}}\right) + G_2\left(2e^{4\varepsilon_{\mathrm{T}}} - \frac{1}{2e^{2\varepsilon_{\mathrm{T}}}} - \frac{3}{2}\frac{1}{e^{8\varepsilon_{\mathrm{T}}}}\right) \tag{7.70}$$

图 7.12 和图 7.13 分别为 BST 模型和 ER 模型在拟合老化时间为 4 h 条件下的应力一应变曲线。拟合参数见表 7.1。

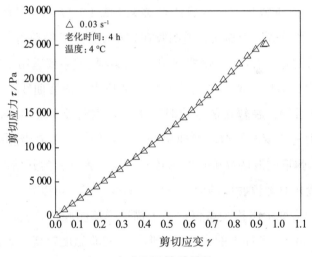

（a）BST 模型拟合

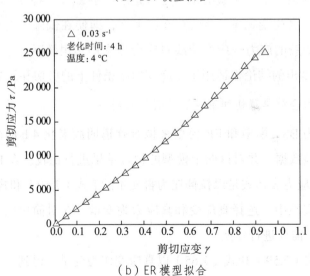

（b）ER 模型拟合

图 7.12 老化时间 4 h 条件下，简单剪切实验的应力一应变曲线拟合结果

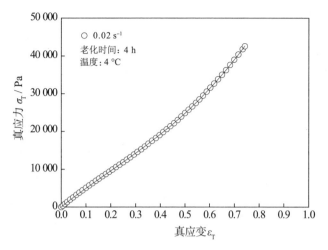

（a）BST模型拟合

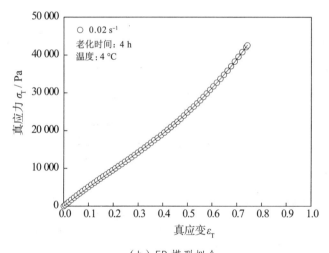

（b）ER模型拟合

图7.13　老化时间4 h条件下，单轴压缩实验的应力—应变曲线拟合结果

表7.1　简单剪切和单轴压缩实验下BST模型和ER模型拟合参数值比较（4 ℃）

实验类型	老化时间/h	$\dot{\gamma}$ / s⁻¹	BST模型		ER模型			
			n	G / Pa	G_1 / Pa	G_2 / Pa	G_1+G_2 / Pa	r
简单剪切	4	0.03	3.16	18 840	16 010	2 920	18 930	5.48

实验类型	老化时间/h	$\dot{\gamma}$ / s^{-1}	BST模型		ER模型			
			n	G / Pa	G_1 / Pa	G_2 / Pa	G_1+G_2 / Pa	r
单轴压缩	4	0.02	3.35	19 410	16 620	3 280	19 900	5.06

从上面的拟合结果可以看出，BST 模型和 ER 模型都能很好地拟合弹道明胶在简单剪切和单轴压缩实验中大变形下的应力—应变数据，拟合参数值（G_1+G_2）与 G 比较接近。相比于 BST 模型，ER 模型将剪切模量分成两项（G_1 和 G_2），并给出了具体的物理意义，能更全面地描述材料的性质。

2.用相同参数值拟合简单剪切和单轴压缩实验数据

为了分析 ER 模型的通用性，接下来使用该模型对简单剪切实验数据进行拟合，得到相应的拟合参数值 G_1 和 G_2，再用同样的参数值来拟合单轴压缩实验数据。为了尽量减小老化过程对样品结构的影响，实验选择老化 24 h 的实验数据进行拟合，同时使剪切和压缩实验的应变速率尽量接近，结果如图 7.14 所示。

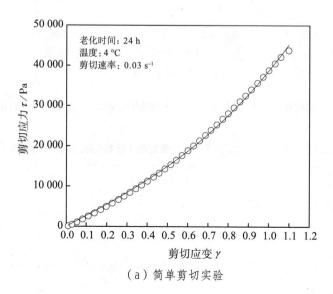

（a）简单剪切实验

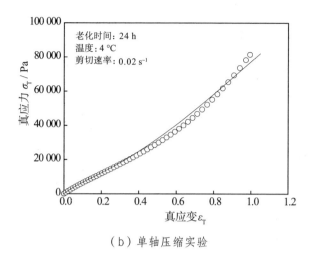

（b）单轴压缩实验

图 7.14 使用同一参数值的 ER 模型预测弹道明胶
在不同实验中的应力—应变曲线

从图 7.14 可以看出，当采用同一套参数值的 ER 模型描述弹道明胶在简单剪切和单轴压缩实验的大变形行为时，整体上能够得到较满意的结果，特别是在小应变范围（＜0.4）内，得到的结果非常好。当应变逐渐增大时，预测值与实验值存在一定的偏差。考虑到简单剪切和单轴压缩是两种明显不同的实验，这样的结果比较令人满意。同样，采用 BST 模型进行上述拟合也能得到相似的结果，如图 7.15 所示。这说明 BST 模型和 ER 模型具有较好的通用性。

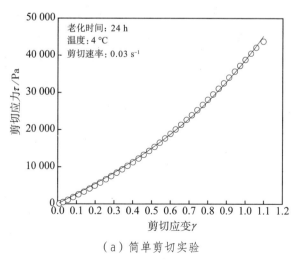

（a）简单剪切实验

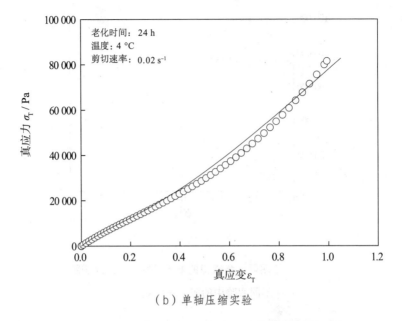

（b）单轴压缩实验

图 7.15　使用同一参数值的 BST 模型预测弹道明胶
在不同实验中的应力—应变曲线

3.BST 模型和 ER 模型的参数与老化时间的关系

如前所述，ER 模型将剪切模量分成两项，分别为 G_1 和 G_2，并给出了具体的物理意义。下面分析 ER 模型和 BST 模型的参数与老化时间的关系。图 7.16 为 ER 模型和 BST 模型拟合不同老化时间下简单剪切实验的应力—应变曲线，相应的拟合参数见表 7.2。对于 BST 模型，可以观察到，随着老化时间的变长，G 表现出增大的趋势，而 n 逐渐减小（n 的取值范围为 $2\sim5.5$）。这种变化趋势是合理的，因为 $n=2$ 时，材料是理想的弹性体，随着老化时间变长，明胶的弹性模量也越来越大，越来越趋向理想弹性体。对于 ER 模型，（G_1+G_2）整体随老化时间逐渐增大，且与 G 比较接近。但是，G_2 随老化时间逐渐减小，造成 r（G_1/G_2）随老化时间逐渐增大。

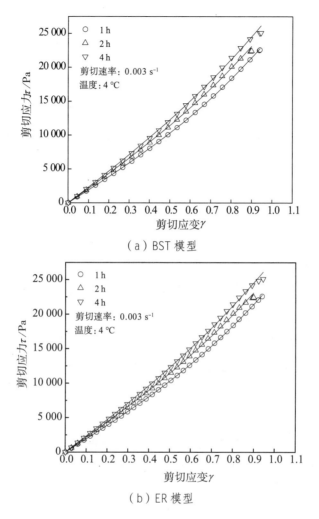

（a）BST 模型

（b）ER 模型

图 7.16 不同老化时间下，简单剪切实验中弹道明胶的应力—应变曲线

表 7.2 简单剪切实验下 BST 模型和 ER 模型拟合参数值比较（4 ℃）

实验类型	老化时间/h	$\dot{\gamma} / \mathrm{s}^{-1}$	BST模型		ER模型			
			n	G / Pa	G_1 / Pa	G_2 / Pa	G_1+G_2 / Pa	r
简单剪切	1	0.003	3.41	19 100	15 300	3 850	19 150	3.97
	2	0.003	3.16	21 500	18 200	3 400	21 600	5.35
	4	0.003	3.07	23 200	20 100	3 300	23 400	6.09

7.4.3 弹道明胶的破裂行为

1. 概述

弹道明胶具有超弹性行为,在破裂之前能够承受大的剪切或压缩弹性变形,应力—应变曲线展现出应变硬化的特征,可以用 BST 或 ER 本构关系来描述弹道明胶的大变形行为。在弹道明胶老化的初期(老化时间小于4 h),剪切速率对应力—应变曲线以及破裂时的应力和应变都有明显的影响。随着老化时间变长(超过 4 h),剪切速率对应力—应变曲线的影响不再明显,但破裂时的应力和应变仍然取决于应变速率。

过去的一些研究运用简单剪切、单轴压缩和拉伸、侵彻以及线切割等实验方法对明胶的破裂行为进行了较深入的探索。但是,由于明胶自身结构复杂,并且其力学属性受胶原蛋白的来源、明胶的生产工艺、分子量与分子量分布、老化时间、温度、浓度等诸多因素影响,因此明胶的破裂过程非常复杂,当前并没有建立完整的理论体系来解释其破裂行为。过去的研究主要讨论不同因素对明胶破裂的影响,试图解释破裂行为的应变速率敏感性。

接下来将分析应变速率、温度等因素变化时对弹道明胶破裂的影响,并获得一些定性的规律。根据实验结果,本节采用 Mohr-Coulomb 准则来描述弹道明胶的破裂行为。

2. 不同因素对弹道明胶破裂的影响

图 7.17 为简单剪切和单轴压缩实验弹道明胶的破裂曲线。从图 7.17 可以看出,对于简单剪切,五组实验破裂时的应变比较接近(约为 0.94),但破裂应力有较大的偏差(最大相差 3 000 Pa)。单轴压缩也具有相似的结果,三组数据破裂时真应变很接近(约为 0.8),破裂时的真应力存在较大偏差(最大相差 6 000 Pa)。

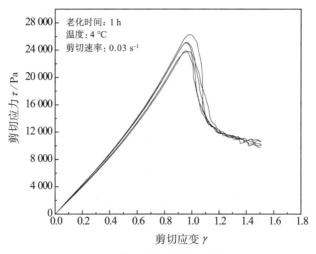

（a）简单剪切实验（五组）

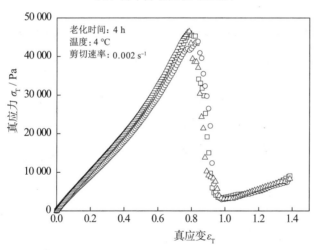

（b）单轴压缩实验（三组）

图 7.17 弹道明胶的破裂曲线

从图 7.17 可以看出，在相同的实验条件下，样品的破裂应力和破裂应变具有分散性（应力的分散程度更大）。主要原因是在样品的制备过程中，会不可避免地出现微观缺陷，这种微观缺陷的分布具有随机性，造成样品破裂时的应力和应变数据出现多分散性。Forte 等（2015）对不同浓度的明胶在不同应变速率下进行了压缩实验，结果表明，明胶破裂时的应力值也具有明显的分散性，如图 7.18 所示。

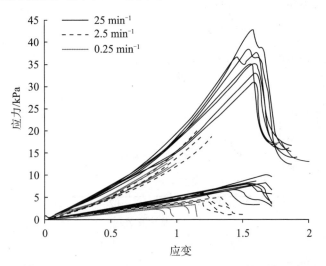

图 7.18　不同应变速率下质量分数为 5% 和 10% 的明胶的单轴压缩应力—应变响应

表 7.3 为不同温度和剪切速率条件下的实验结果对比。

表 7.3　不同温度和剪切速率条件下的实验结果对比

温度	剪切速率/ s^{-1}	小应变时的剪切模量/ Pa	破裂时的剪切模量/ Pa	破裂时的最大剪切应力/ Pa	破裂时的平均应变	破裂时的剪切应力/ Pa
4℃	0.003	15 400	18 800	21050	1.081 8	20 100
	0.03	17 200	21 500	25 370	1.205 0	25 400
	0.3	17 300	23 300	32 100	1.422 0	32 200
9℃	0.003	14 480	16 800	17 500	0.998 0	16 700
	0.03	14 500	17 100	19 800	1.160 0	19 600
	0.3	15 300	19 400	29 600	1.384 0	28 200

从表 7.3 可以看出，弹道明胶的模量、破裂时的应力和应变受温度和剪切速率影响非常明显。总体而言，温度越低，明胶的模量越大，破裂时的剪切应力越大，但破裂应变的变化不明显。当温度恒定时，剪切速率越大，明胶的破裂应力和破裂应变越大。

温度的变化会影响破裂应力和破裂应变。图 7.19 为 9 ℃和 4 ℃下的应力—应变曲线。从图 7.19 可以看出，随着温度的升高，破裂应力会下降，而破裂应变会增加。对每个温度下的破裂应力和破裂应变取平均值，建立温度对破裂应力和破裂应变的影响，结果如图 7.20 所示。

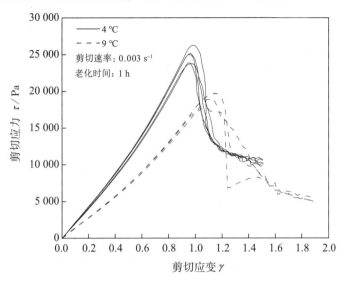

图 7.19 不同温度下简单剪切实验的弹道明胶的应力—应变曲线

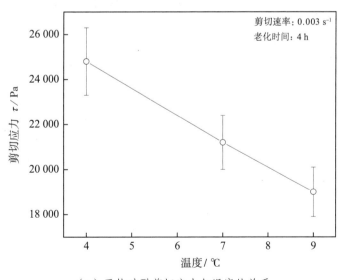

（a）平均破裂剪切应力与温度的关系

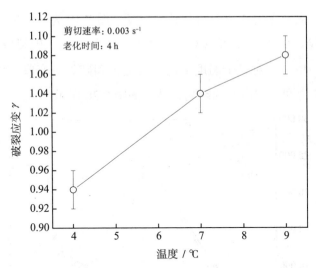

（h）平均破裂剪切应变与温度的关系

图 7.20　平均破裂应力和破裂应变与温度的关系

图 7.21 为简单剪切实验中，应变速率对破裂应变和破裂应力的影响。随着应变速率的增加，破裂应力和破裂应变均会增大。随着老化时间变长，破裂应力会增大，但破裂应变会减小。其中，应变增大的趋势比较稳定，应力会有突变的情况出现。在单轴压缩实验中也有相似的结论，结果如图 7.22 所示。

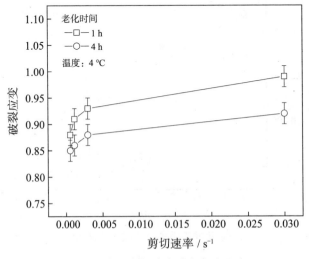

（a）剪切速率对破裂应变的影响

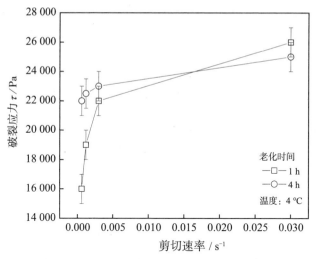

（b）剪切速率对破裂应力的影响

图 7.21　简单剪切时应变速率对破裂应变和破裂应力的影响

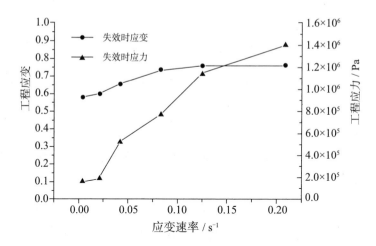

图 7.22　单轴压缩实验中破裂应力和破裂应变与应变率的关系

当应变速率从 0.004 s⁻¹ 增加到 0.208 s⁻¹ 时，破裂时的工程应变从 0.56 增加到 0.73，并趋于稳态；破裂时的工程应力从 1.9×10^5 Pa 增加到 1.4×10^6 Pa，增加幅度非常大。该结论与 Cronin 和 Falzon（2011）的压缩实验结果是一致的。由此可以看出，在弹道明胶的破裂过程中，破裂应力的变化范围较大，破裂应变则比较稳定。除老化时间、温度、剪切速率外，浓度以及明胶的原料等因素也会影响明胶的破裂应力和破裂应变。

3. 用 Mohr-Coulomb 准则描述弹道明胶的破裂

1776 年，Coulomb 根据土样的直剪实验提出，土的抗剪强度不是常量，而是随剪切面上的法向应力的增加而增加。由此，他总结了土的破坏现象和影响因数，提出了土的抗剪强度公式：

$$\tau_f = \tau_0 + \sigma \tan\varphi \tag{7.71}$$

式中，τ_f 为剪切破裂面上的剪应力（土的抗剪强度）；$\sigma\tan\varphi$ 为摩擦强度，φ 为土的内摩擦角；τ_0 为土的黏聚力。

1868 年，Tresca 提出了最大剪应力理论（也称为 Tresca 屈服准则）来预测延展性材料的失效应力。之后，Mohr 在 1900 年提出观点，认为材料的失效是法向应力和剪切应力共同作用的结果，而不仅仅是由最大法向应力或最大剪切应力超过某一临界值造成的材料失效。在失效平面上，剪切强度 τ_{max} 与法向应力 σ 之间存在如下函数关系：

$$\tau_{max} = f(\sigma) \tag{7.72}$$

式（7.72）所定义的失效包线（failure envelope）是曲线。由此可见，式（7.72）比 Coulomb 公式更加广义。在大部分土力学问题中，失效平面上的剪切应力可以近似看作法向应力的线性函数。因此，式（7.71）被称为 Mohr-Coulomb 失效准则，广泛应用在土力学中，用来判断土基在剪切作用下的失效问题。

Mohr-Coulomb 失效准则可通过一个简单的实例来理解。例如，一堆沙土，一阵微风就可以将其吹动。也就是说，当法向应力等于零时，很小的剪切应力就能让沙土失效。如果这堆沙土被压实，即施加较大的法向应力，它就能承受比较大的剪切应力，这就是法向应力作用的结果。因此，材料的剪切破坏是与受到的法向应力的大小有关系的。

Forrestal 和 Tzou（1997）基于 Mohr-Coulomb 失效准则提出了如下扩展 Mohr-Coulomb 失效准则：

$$p = \frac{\sigma_1 + \sigma_2 + \sigma_3}{3} \tag{7.73}$$

$$\tau_{\max} = \lambda p + \tau_0 \tag{7.74}$$

式中，p 为平均压力；σ_1、σ_2 和 σ_3 分别为三个主方向上的应力（主应力）；在简单剪切实验中，$p = \dfrac{N_1}{3}$，N_1 为旋转流变仪测出的法向应力差；$\tau_{\max}$ 为最大剪切应力。扩展的 Mohr-Coulomb 失效准则主要描述材料的破裂、滑移、塑性屈服等力学行为。

由于 Mohr-Coulomb 失效准则描述的是最大剪切应力与平均应力（主应力）的关系，因此需要对应力进行变换，求出主应力和最大剪切应力。

对于简单剪切实验，流变仪锥—板系统内是简单的平面剪切流，应力张量为

$$\boldsymbol{T} = \begin{pmatrix} \sigma_x & \tau & 0 \\ \tau & \sigma_y & 0 \\ 0 & 0 & \sigma_z \end{pmatrix} \tag{7.75}$$

式中，$\sigma_x - \sigma_y$ 为第一法向应力差 N_1，该值可通过流变仪直接测量；$\sigma_y - \sigma_z$ 为第二法向应力差 N_2，该值为零。根据应力变换公式，式（7.75）可以变换成如下形式的主应力张量：

$$T = \begin{pmatrix} \dfrac{\sigma_x + \sigma_y}{2} + \sqrt{\left(\dfrac{\sigma_x - \sigma_y}{2}\right)^2 + \tau} & 0 & 0 \\ 0 & \dfrac{\sigma_x + \sigma_y}{2} - \sqrt{\left(\dfrac{\sigma_x - \sigma_y}{2}\right)^2 + \tau} & 0 \\ 0 & 0 & \sigma_z \end{pmatrix} \tag{7.76}$$

类似地，可以求出最大剪切应力为

$$\tau_{\max} = \frac{\sigma_1 - \sigma_2}{2} = \sqrt{\left(\frac{\sigma_x - \sigma_y}{2}\right)^2 + \tau^2} = \sqrt{\left(\frac{N_1}{2}\right)^2 + \tau^2} \tag{7.77}$$

对于单轴压缩实验，应力张量就是主应力状态。最大剪切应力可以根据式（7.77）求出。

在简单剪切和单轴压缩实验中,可以获得不同温度和应变速率下的明胶破裂数据(选择应力达到最大值时作为明胶的破裂点),再根据式(7.73)和式(7.77)计算得到平均压力 p 和最大剪切应力 τ_{max}。图 7.23 为弹道明胶破裂时最大剪切应力和平均压力之间的关系。从图 7.23 可以看出,τ_{max} 和 p 之间存在近似的线性关系。这说明弹道明胶的破裂可以用 Mohr-Coulomb 失效准则来近似描述。

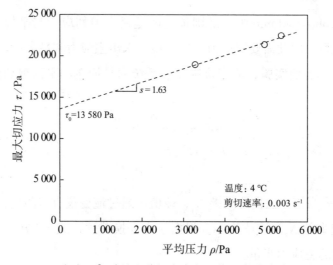

(a)4 ℃时最大剪切应力与平均压力的关系

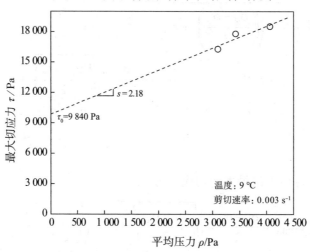

(b)9 ℃时最大剪切应力与平均压力的关系

图 7.23 最大剪切应力与平均压力之间的关系

7.5　本章小结

本章分析了弹道明胶的大变形和破裂行为。实验结果表明，弹道明胶具有超弹性行为，在破裂之前能够承受大的剪切或压缩弹性变形，应力—应变曲线展现出应变硬化的特征，温度、老化时间和剪切速率对应力—应变曲线有明显的影响。但是，随着老化时间的增加，剪切速率对应力—应变曲线的影响可以忽略，这表明在老化过程中，弹道明胶从黏弹性网络向弹性网络转变。

本章用 BST 模型和 ER 模型预测了弹道明胶的大变形行为，拟合结果表明，这两个模型均能很好地描述弹道明胶在低温、较长老化时间（大于4 h）下的大变形。

由简单剪切和单轴压缩实验可知，弹道明胶表现出脆性破裂的行为，在破裂发生之前，几乎没有塑性变形。应变速率对破裂应力和破裂应变有显著的影响，应变速率越大，破裂应力和破裂应变也越大。温度、老化时间也会影响破裂应力和破裂应变。当选择应力达到最大值作为明胶的破裂点时，最大剪切应力与平均法向应力满足线性关系，因此其破裂行为可以近似用 Mohr-Coulomb 失效准则来描述。

第 8 章　总结与展望

8.1 总结

印刷油墨是一种分散体系，其成分复杂，表现出明显的触变性、屈服应力、老化和剪切年轻化等流变行为。油墨的流变性质与其受力历史相关，具有记忆特性。施加大应力的预剪切作用能够消除所有受力历史的影响，建立标准的测试状态。在预剪切结束后，静置的油墨开始经历老化过程，其结构开始重构，从液态向微弱固体转变（经历 sol-gel 转换）。在自然老化状态下，油墨的弹性模量可用拉伸指数模型描述。施加剪切作用会阻碍油墨的老化过程，使其年轻化。引入无量纲指数 μ，改变时间尺度，不同老化时间下的柔量曲线能够叠加成一条主曲线。μ 可以度量剪切作用对样品年轻化的影响。当 μ 等于 1 时，样品处于自然老化状态，无年轻化发生；当 μ 为 0 时，样品完全年轻化，老化过程被完全破坏；当 μ 介于 0 和 1 之间时，样品经历部分年轻化，老化过程被延缓。温度会影响油墨样品的 sol-gel 转变，实验结果表明，温度越高，转变发生的时间越快。

弹道明胶结构处于热力学非平衡态，其结构随时间的演化可达数月之久。温度改变会引起弹道明胶的 sol-gel 相互转变。在不同温度下，弹道明胶的等温老化的弹性模量具有自相似性。在给定的老化时间下，弹性模量与温度近似成线性关系，且交汇于 sol-gel 转换点附近。本书根据分子链的二级反应动力学模型，引入一个老化速率常数 k，构建了一个描述弹道明胶在老化初级阶段（小于 24 h）的弹性模量演化模型。老化速率常数与温度和过冷度的关系符合 Flory-Weaver 复性方程。对模量和时间进行无量纲化，可将不同温度下的老化曲线叠加成一条主曲线。

本书通过引入应变能密度来分析剪切过程对弹道明胶老化的影响。实验结果表明，在某一温度下，存在一个临界应变能密度，当应变能密度小于该临界值时，剪切对弹道明胶的老化影响可以忽略；当应变能密度大于该临界值时，剪切使弹道明胶的老化速率常数减小，对应老化过程变缓，即剪切能够实现弹道明胶的年轻化。从弹道明胶的整个老化过程来看，剪切所引起的年轻化行为是暂时的。随着老化时间增加，这种年轻化行为会逐渐趋于自然状态下的老化过程。

在不同的时间尺度下，明胶表现出不同的黏弹性行为。在线性黏弹性范围内，本书根据蠕变实验结果，采用 Burgers 模型来描述弹道明胶的线性黏弹性行为，通过对某一蠕变应力下的实验数据进行拟合，获得 Burgers 模型的各个参数值，之后用该参数对其他实验数据进行预测。结果表明，Burgers 模型能较好地预测弹道明胶的蠕变应变曲线。当用蠕变实验获得的模型参数值预测应力松弛实验时，模型也能获得较好的结果。

弹道明胶具有超弹性行为，在破裂之前能够承受大的剪切或压缩弹性变形，应力—应变曲线展现出应变硬化的特征。温度、老化时间和剪切速率对应力—应变曲线有明显的影响。随着老化时间的增加，弹道明胶从黏弹性网络向弹性网络转变，剪切速率的影响变得不明显。BST 模型和 ER 模型能很好地描述简单剪切和单轴压缩下弹道明胶的应力—应变关系。

在弹道明胶的简单剪切和单轴压缩实验中，由于结构中的微观缺陷分布具有一定的随机性，因此破裂应力数据出现多分散性，但破裂应变在较小的范围内变化。应变速率和温度变化对破裂应力和破裂应变有较明显的影响。本书选择最大应力值作为破裂点，通过应力变换，求出破裂时的最大剪切应力和平均正应力，它们之间存在近似的线性关系。实验结果表明，低应变速率下弹道明胶的破裂行为可以用 Mohr-Coulomb 失效准则来近似描述。

8.2　展望

本书的研究工作取得了一定的进展，但受理论水平和一些客观因素的限制，还有其他一些研究工作有待进一步开展和完善。

第一，本书内容只研究了一个浓度下明胶的老化及力学行为，研究所获得的结论仅适用于弹道创伤领域。为更全面、更深入地理解明胶的老化及力学行为，后续拟开展不同浓度、不同温度下的明胶老化规律研究，以及温度历史、不同冷却速率过程对明胶老化行为影响的研究。

第二，对蠕变实验中应力瞬态加载和卸载时明胶的响应开展研究。后续研究需要考虑测量仪器的惯性，构建由明胶和仪器组成的系统动力学模型，根据系统对应力加载的阶跃响应和卸载的自由响应，求解弹道明胶的黏弹性模型参数，与稳态蠕变实验获得的黏弹性参数进行比较，并研究剪切过程对明胶黏弹性参数的影响。

第三，BST 模型和 ER 模型能够描述弹道明胶在简单剪切和单轴压缩实验中的应力—应变关系。然而，它们在预测简单剪切实验过程中法向应力的变化时，预测值与实验值偏差很大。因此，从严格意义来说，BST 模型和 ER 模型并不能完整描述弹道明胶的大变形行为。后续拟从弹道明胶的线性黏弹性模型出发，将应力和应变表述成上随体导数（upper-convected time derivative）形式，推广至非线性领域，来描述明胶的大变形行为。

参考文献

[1] LARSON R G. The structure and rheology of complex fluids[M]. New York：Oxford University Press，1999.

[2] 黄朝养. 印刷油墨学 [M]. 台北：徐氏基金会，1976.

[3] 周震. 印刷油墨 [M]. 北京：化学工业出版社，2000.

[4] 冯瑞乾. 印刷原理及工艺 [M]. 北京：印刷工业出版社，1999.

[5] 冯瑞乾. 印刷油墨转移原理 [M]. 北京：印刷工业出版社，1992.

[6] VOLTAIRE J. Ink film splitting acoustics in offset printing[D]. Stockholm：Royal Institute of Technology Stockholm，2006.

[7] PANGALOS G，DEALY J M，LYNE M B. Rheological properties of news inks[J]. Journal of Rheology，1985，29（4）：471-491.

[8] BARNES H A. Thixotropy：a review[J]. Journal of Non-Newtonian Fluid Mechanics，1997，70（1-2）：1-33.

[9] MEWIS J. Thixotropy：a general review[J]. Journal of Non-Newtonian Fluid Mechanics，1979，6（1）：1-20.

[10] MEWIS J， WAGNER N J. Thixotropy[J]. Advances in Colloid and Interface Science，2009，147-148：214-227.

[11] AOKI Y. Rheological characterization of carbon black/varnish suspensions[J]. Colloids and Surfaces A：Physicochemical and Engineering Aspects，2007，308（1-3）：79-86.

[12] LIN H W，CHANG C P，HWU W H，et al. The rheological behaviors of screen-printing pastes[J]. Journal of Materials Processing Technology，

2008，197（1-3）：284-291.

[13] VADILLO D C，TULADHAR T R，MULJI A C，et al. The rheological characterization of linear viscoelasticity for ink jet fluids using piezo axial vibrator and torsion resonator rheometers[J]. Journal of Rheology，2010，54（4）：781-795.

[14] 王正青，王相田，荆建芬. 胶印油墨流变特性研究 [J]. 华东理工大学学报，1997，23（5）：585-589.

[15] 周春霞，唐正宁. 用黏弹性模型解释印刷油墨转移过程中的几个问题 [J]. 包装工程，2006，27（6）：139-141.

[16] 赵贤淑，魏先福. 油墨分散体系黏度数学模型研究 [J]. 中国印刷与包装研究，2009，1（4）：52-57.

[17] 刘福平，王安玲. 油墨颜料颗粒对油墨触变性的影响分析 [J]. 包装工程，2005，26（5）：95-97.

[18] 孙程博，赵蕾，黄蓓青，等. UV 胶印油墨的制备及其触变性的研究 [J]. 包装工程，2006，27（5）：43-44.

[19] 刚芹果. 触变性流体的一些本构模型 [J]. 力学与实践，2000，22（6）：20-23.

[20] 魏先福，苏永宪. 胶印油墨的流动曲线与分散性 [J]. 北京印刷学院学报，1999（4）：42-46.

[21] 方伟，齐晓堃，冯瑞乾. 硅树脂对降低胶印轮转黑墨黏着性的作用 [J]. 北京印刷学院学报，2000，8（2）：22-27.

[22] STRUIK L C E. Physical aging in amorphous polymers and other materials[M]. Houston：Elsevier，1978.

[23] STRUIK L C E. The mechanical and physical ageing of semicrystalline polymers:1[J]. Polymer，1987，28（9）:1521-1533.

[24] BOUCHAUD J P，CUGLIANDOLO L F，KURCHAN J，et al. Out of equilibrium dynamics in spin-glasses and other glassy systems in spin glasses and random fields[M]. Singapore: World Scientific Press，1998.

[25] BONN D, TANASE S, ABOU B, et al. Laponite: aging and shear rejuvenation of a colloidal glass[J]. Physical Review Letters, 2002, 89（1）: 015701.

[26] FIELDING S M, SOLLICH P, CATES M E. Aging and rheology in soft materials[J]. Journal of Rheology, 2000, 44（2）: 323-370.

[27] CLOITRE M, BORREGA R, LEIBLER L. Rheological aging and rejuvenation in microgel pastes[J]. Physical Review Letters, 2000, 85（22）: 4819-4822.

[28] JOSHI Y M, REDDY R K. Aging in a colloidal glass in creep flow: Time-stress superposition[J]. Physical Review E, 2008, 77（2）: 021501.

[29] KNAEBEL A, BELLOUR M, MUNCH J P, et al. Aging behavior of Laponite clay particle suspensions[J]. Europhysics Letters, 2000, 52（1）: 73-79.

[30] ABOU B, BONN D, MEUNIER J. Aging dynamics in a colloidal glass[J]. Physical Review E, 2001, 64（2）: 021510.

[31] HODGE I M. Physical aging in polymer glasses[J]. Science, 1995, 267（5206）: 1945-1947.

[32] BARNES H A. The yield stress: a review or 'παντα ρει':everything flows?[J]. Journal of Non-Newtonian Fluid Mechanics, 1999, 81（1-2）: 133-178.

[33] MACOSKO C W. Rheology: principles, measurements, and applications[M]. New York: Wiley-VCH, 1994.

[34] BARNES H A, WALTERS K. The yield stress myth?[J]. Rheologica Acta, 1985, 24: 323-326.

[35] CROSS M M. Rheology of non-Newtonian fluids: a new flow equation for pseudoplastic systems[J]. Journal of Colloid Science, 1965, 20（5）: 417-437.

[36] WINTER H H, CHAMBON F. Analysis of linear viscoelasticity of a crosslinking polymer at the gel point[J]. Journal of Rheology, 1986, 30（2）: 367-382.

[37] WINTER H H. Can the gel point of a cross-linking polymer be detected by the G'-G'' crossover? [J]. Polymer Engineering and Science, 1987, 27（22）: 1698-1702.

[38] VEIS A. The macromolecular chemistry of gelatin[M]. New York: Academic Press, 1964.

[39] NIJENHUIS K. Thermoreversible networks: viscoelastic properties and structure of gels[M]. New York: Springer, 1997.

[40] DJABOUROV M, LEBLOND J, PAPON P. Gelation of aqueous gelatin solutions : structural investigation[J]. Journal de Physique, 1988, 49（2）: 319-332.

[41] JOSSE J, HARRINGTON W F. Role of pyrrolidine residues in the structure and stabilization of collagen[J]. Journal of Molecular Biology, 1964, 9（2）: 269-287.

[42] HARRINGTON W F. On the arrangement of the hydrogen bonds in the structure of collagen[J]. Journal of Molecular Biology, 1964, 9（2）: 613-617.

[43] MURRAY R K, GRANNER D K, MAYES P A, et al. Harper's illustrated biochemistry[M]. 26th ed. New York: McGraw-Hill Companies, 2003.

[44] NELSON D L, COX M M. Lehninger principles of biochemistry[M]. 5th ed. New York: W.H.Freeman and Company, 2008.

[45] WARD A G, COURTS A. The science and technology of gelatin[M]. New York: Academic Press, 1977.

[46] 缪进康. 明胶及其在科技领域中的利用 [J]. 明胶科学与技术, 2009, 29（1）: 28-49, 51.

[47] 刘荫秋, 保荣本, 田惠民, 等. 创伤弹道学概论 [M]. 北京: 新时代出版社, 1985.

[48] 刘荫秋, 王正国, 马玉媛. 创伤弹道学 [M]. 北京: 人民军医出版社, 1991.

[49] SELLIER K G，KNEUBUEHL B P，HAAG L C. Wound ballistics and the scientific background[M]. New York：Elsevier，1994.

[50] 刘丽. 弹道明胶的冲击与侵彻动力学研究 [D]. 杭州：浙江大学，2014.

[51] FACKLER M L，MALINOWSKI J A. The wound profile：a visual method for quantifying gunshot wound components[J]. The Journal of Trauma and Acute Care Surgery，1985，25（6）：522-529.

[52] FACKLER M L，SURINCHAK J S，MALINOWSKI J A，et al. Wounding potential of the Russian AK-74 assault rifle[J]. The Journal of Trauma and Acute Care Surgery，1984，24（3）：263-266.

[53] FACKLER M L，SURINCHAK J S，MALINOWSKI J A，et al. Bullet fragmentation: a major cause of tissue disruption[J]. The Journal of Trauma and Acute Care Surgery，1984，24（1）：35-39.

[54] JUSSILA J. Preparing ballistic gelatin：review and proposal for a standard method[J]. Forensic Science International，2004，141（2-3）：91-98.

[55] SCHRIEBER R，GAREIS H. Gelatin handbook：theory and industrial practice[M]. New York：Wiley-VCH，2007.

[56] LEICK A. Über künstliche doppelbrechung und elastizität von gelatineplatten[J]. Ann Phys，1904，319（6）：139-152.

[57] SHEPPARD S E，SWEET S S. The elastic properties of gelatin jellies[J]. Journal of the American Chemical Society，1921，43（3）：539-547.

[58] POOLE H J. The elasticity of gelatin jellies and its bearing on their physical structure and chemical equilibria[J]. Transactions of the Faraday Society，1925，21：114-137.

[59] HATSCHEK E. The study of gels by physical methods[J]. The Journal of Physical Chemistry，1932，36（7）：2994-3009.

[60] FERRY J D. Protein gels[J]. Advances in Protein Chemistry，1948，4（1）：1-78.

[61] MCCLAIN P E，WILEY E G. Differential scanning calorimeter studies of the thermal transitions of collagen：implications on structure and stability[J].

Journal of Biological Chemistry, 1972, 247（3）: 692-697.

[62] PRIVALOV P L, TIKTOPULO E I. Thermal conformational transformation of tropocollagen: calorimetric study[J]. Biopolymer, 1970, 9（2）: 127-139.

[63] PRIVALOV P L, KHECHINASHVILI N N, ATANASOV B P.Thermodynamic analysis of thermal transitions in globular proteins: calorimetric study of ribotrypsinogen, ribonuclease and myoglobin[J]. Biopolymer, 1971, 10（10）: 1865-1890.

[64] PRIVALOV P L. Stability of proteins: proteins which do not present a single cooperative system[J]. Advances in Protein Chemistry, 1982, 35: 1-104.

[65] FLORY P J. Network structure and the elastic properties of vulcanized rubber[J]. Chemical Reviews, 1944, 35（1）: 51-75.

[66] NIJENHUIS. Investigation into the ageing process in gels of gelatin/water systems by the measurement of their dynamic moduli: phenomenology[J]. Colloid and Polymer Science, 1981, 259（5）: 522-535.

[67] NIJENHUIS. Investigation into the ageing process in gels of gelatin/water systems by the measurement of their dynamic moduli: mechanism of the ageing process[J]. Colloid and Polymer Science, 1981, 259（10）: 1017-1026.

[68] CLARK A H, ROSS-MURPHY S B. Structral and mechanical properties of biopolymer gels[J]. Advances in Polymer Science, 1987, 83: 57-192.

[69] DJABOUROV M, LEBLOND J, PAPON P. Gelation of aqueous gelatin solutions: rheology of the sol-gel transition[J]. Journal de Physique, 1988, 49（2）: 333-343.

[70] WINTER H H, MOURS M. Rheology of polymers near liquid-solid transtition[J]. Advances in Polymer Science, 1997, 134: 165-234.

[71] BOHIDAR H B, JENA S S. Study of sol-state properties of aqueous gelatin solutions[J]. The Journal of Chemical Physics, 1994, 100（9）: 6888-6895.

[72] MICHON C，CUVELIER G，LAUNAY B. Concentration dependence of the critical viscoelastic properties of gelatin at the gel point[J]. Rheological Acta，1993，32（1）：94-103.

[73] YOKOYAMA C，TAMURA Y，TAKAHASHI S，et al. The effect of pressure on the sol-gel transition of gelatin in aqueous 1-1 electrolyte solutions[J]. Fluid Phase Equilibria，1996，117（1-2）：107-113.

[74] OWEN S R，TUNG M A，PAULSON A T. Thermorheological studies of food polymer dispersions[J]. Journal of Food Engineering，1992，16（1）：39-53.

[75] VAN D B，BOGDAN B，NADINE D R，et al. Structural and rheological properties of methacrylamide modified gelatin hydrogels[J]. Biomacromolecules，2000，1（1）：31-38.

[76] TOSH S M，MARANGONI A G，HALLETT F R，et al. Aging dynamics in gelatin gel microstructure[J]. Food Hydrocolloids，2003，17（4）：503-513.

[77] NORMAND V，MULLER S，RAVEY J C，et al. Gelation kinetics of gelatin: a master curve and network modeling[J]. Macromolecules，2000，33（3）：1063-1071.

[78] LIANG G，COLBY R H，LUSIGNAN C P，et al. Kinetics of triple helix formation in semidilute gelatin solutions[J]. Macromolecules，2003，36（26）：9999-10008.

[79] CHEN X L，JIA Y X，FENG L G，et al. Numerical simulation of coil-helix transition processes of gelatin[J]. Polymer，2009，50（9）：2181-2189.

[80] CHEN X L，JIA Y X，SUN S，et al. Performance inhomogeneity of gelatin during gelation process[J]. Polymer，2009，50（25）：6186-6191.

[81] RONSIN O，CAROLI C，BAUMBERGER T. Interplay between shear loading and structural aging in a physical gelatin gel[J]. Physical Review Letters，2009，103（13）：138302.

[82] MCEVOY H, ROSS-MURPHY S B, CLARK A H. Large deformation and ultimate properties of biopolymer gels: single biopolymer component systems[J]. Polymer, 1985, 26（10）: 1483-1492.

[83] MCEVOY H, ROSS-MURPHY S B, CLARK A H. Large deformation and ultimate properties of biopolymer gels: mixed gel systems[J]. Polymer. 1985, 26（10）: 1493-1500.

[84] BOT A, AMERONGEN V, GROOT R D, et al. Large deformation rheology of gelatin gels[J]. Polymer Gels and Networks, 1996, 4（3）: 189-227.

[85] GROOT R D, BOT A, AGTEROF G M. Molecular theory of strain hardening of a polymer gel: application to gelatin[J]. The Journal of Chemical Physics, 1996, 104（22）: 9202-9219.

[86] GROOT R D, BOT A, AGTEROF G M. Molecular theory of the yield behavior of a polymer gel: application to gelatin[J]. The Journal of Chemical Physics, 1996, 104（22）: 9220-9233.

[87] DROZDOV A D. Mechanics of viscoelastic solids[M]. New York: Wiley, 1998.

[88] OTTONE M L, DEIBER J A. Modeling the rheology of gelatin gels for finite deformations: elastic rheological model[J]. Polymer, 2005, 46（13）: 4928-4937.

[89] CZERNER M, FASCE L A, MARTUCCI J F, et al. Deformation and fracture behavior of physical gelatin gel systems[J]. Food Hydrocolloids, 2016, 60: 299-307.

[90] OTTONE M L, DEIBER J A. Modeling the rheology of gelatin gels for finite deformations: viscoelastic solid model[J]. Polymer, 2005, 46（13）: 4938-4949.

[91] COATES J B. Wound Ballistics[M]. Washington D.C.: US Army Surgeon General, 1962.

[92] KOKINAKIS W, NEADES D, PIDDINGTON M, et al. A gelatin energy methodology for estimationg vulnerability of personnel to military rifle systems[J]. Acta Chirurgica Scandinavica Supplementum, 1979, 489: 35-55.

[93] BERLIN R H, JANZON B, RYBECK B, et al. Loacl effects of assault rifle bullets in live tissues : further studies in live tissues and relations to some stimulant media[R].Sweden: University of Goteborg, 1993.

[94] LEWIS R H, CLARK M A, CONNELL K J. Preparation of gelatin blocks containing tissue samples for use in ballistics research[J]. The American Journal of Forensic Medicine and Pathology, 1982, 3（2）: 181-184.

[95] POST S M, JOHNSON T D. A survey and evalution of variables in the preparation of ballistic gelatin[J]. Wound Ballistics Rev, 1995, 2（1）: 9-20.

[96] JUSSILA J. Measurement of kinetic energy dissipation with gelatin fissure formation with special reference to gelatin validation[J]. Forensic Science International, 2005, 150（1）: 53-62.

[97] CRONIN D S, FALZON C. Characterization of 10% ballistic gelatin to evaluate temperature, aging and strain rate effects[J]. Experimental Mechanics, 2011, 51（7）: 1197-1206.

[98] GRAY G T. Classic split hopkinson pressure bar testing[M]//KUHN H, MEDLIN D. ASM handbook: mechanical testing and evaluation.Ohio, US: ASM International, 2000.

[99] NASSER S N. Recovery hopkinson bar techniques[M]//KUHN H, MEDLIN D. ASM handbook: mechanical testing and evaluation. Ohio, US: ASM International, 2000.

[100] SLIGTENHORST C V, CRONIN D S, BRODLAND G W. High strain rate compressive properties of bovine muscle tissue determined using a split Hopkinson bar apparatus[J]. Journal of Biomechanics, 2006, 39（10）: 1852-1858.

[101] LIM A S，LOPATNIKOV S L，GILLESPIE J W. Development of the split-Hopkinson pressure bar technique for viscous fluid characterization[J]. Polymer Testing，2009，28（8）：891-900.

[102] SONG B，CHEN W. Dynamic stress equilibration in split Hopkinson pressure bar tests on soft materials[J]. Experimental Mechanics，2004，44（3）：300-312.

[103] LIU Q L，SUBHASH G. Characterization of viscoelastic properties of polymer bar using iterative deconvolution in the time domain[J]. Mechanics of Materials，2006，38（12）：1105-1117.

[104] ZHAO H，GRAY G. A three dimensional analytical solution of the longitudinal wave propagation in an infinite linear viscoelastic cylindrical bar. Application to experimental techniques[J]. Journal of the Mechanical and Physics of Solids，1995，43（8）：1335-1348.

[105] ZHAO H，GRAY G，KLEPACZKO J R. On the use of a viscoelastic split Hopkinson pressure bar[J]. International Journal of Impact Engineering，1997，19（4）：319-330.

[106] SALISBURY C P，CRONIN D S. Mechanical properties of ballistic gelatin at high deformation rates[J]. Experimental Mechanics，2009，49（6）：829-840.

[107] KWON J，SUBHASH G. Compressive strain rate sensitivity of ballistic gelatin[J]. Journal of Biomechnics，2010，43（3）：420-425.

[108] 刘坤，吴志林，徐万和，等. 弹头侵彻明胶的运动模型 [J]. 爆炸与冲击，2012，32（6）：616-622.

[109] 刘坤，吴志林，徐万和，等. 球形破片侵彻明胶修正力学模型 [J]. 南京理工大学学报，2012，36（5）：755-761.

[110] LIU K，NING J G，WU Z L，et al. A comparative investigation on motion model of rifle bullet penetration into gelatin[J]. International Journal of Impact Engineering，2017，103：169-179.

[111] 莫根林, 吴志林, 刘坤. 球形破片侵彻明胶的瞬时空腔模型 [J]. 兵工学报, 2013, 34 (10): 1324-1328.

[112] LIU L, FAN Y R, LI W. Viscoelastic shock wave in ballistic gelatin behind soft body armor[J]. Journal of the Mechanical Behavior of Biomedical Materials, 2014, 34: 199-207.

[113] LUO S M, XU C, CHE A J, et al. Experimental investigation of the response of gelatine behind the soft body armor[J]. Forensic Science International, 2016, 266: 8-13.

[114] 温垚珂, 徐诚, 陈爱军, 等. 球形破片高速侵彻明胶靶标的数值模拟 [J]. 弹道学报, 2012, 24 (3): 25-30.

[115] 温垚珂, 徐诚, 陈爱军, 等. 步枪弹侵彻明胶靶标的数值模拟 [J]. 兵工学报, 2013, 34 (1): 14-19.

[116] WEN Y K, XU C, WANG S, et al. Analysis of behind the armor ballistic trauma[J]. Journal of the Mechanical Behavior of Biomedical Materials, 2015, 45: 11-21.

[117] WEN Y K, XU C, WANG H S, et al. Impact of steel spheres on ballistic gelatin at moderate velocities[J]. International Journal of Impact Engineering, 2013, 62: 142-151.

[118] 郭凯. 弹丸侵彻明胶靶标的毁伤参数获取方法 [J]. 弹道学报, 2014, 26 (3): 87-91, 97.

[119] 金永喜, 买瑞敏, 张敬敏, 等. 基于瞬时空腔效应的明胶靶标与肌肉目标等效性研究 [J]. 兵工学报, 2014, 35 (6): 935-939.

[120] 黄珊, 王浩圣, 王舒, 等. 典型小口径枪弹侵彻明胶压力波特性实验研究 [J]. 弹道学报, 2013, 25 (1): 62-67.

[121] BOHIDAR H B, JENA S S. Study of sol-state properties of aqueous gelatin solutions[J]. The Journal of Chemical Physics, 1994, 100 (9): 6888-6895.

[122] MICHON C, CUVELIER G, LAUNAY B. Concentration dependence of

the critical viscoelastic properties of gelatin at the gel point[J]. Rheologica Acta, 1993, 32（1）: 94-103.

[123] JAMES H B, WILMER L S. Thermal conductivity measurements of viscous liquids[J]. Industrial and Engineering Chemistry, 1955, 47（2）: 289-293.

[124] MEUNIER V, NICOLAI T, DURAND D, et al. Light scattering and viscoelasticity of aggregating and gelling κ-carrageenan[J]. Macromolecules, 1999, 32（8）: 2610-2616.

[125] HIGGS P G, ROSS-MURPHY S B. Creep measurements on gelatin gels[J]. International Journal of Biological Macromolecules, 1990, 12（4）: 233-240.

[126] GILSENAN P M, ROSS-MURPHY S B. Shear creep of gelatin gels from mammalian and piscine collagens[J]. International Journal of Biological Macromolecules: Structure, Function and Interactions, 2001, 29（1）: 53-61.

[127] NORMAND V, RAVEY J C. Dynamic study of gelatin gels by creep measurements[J]. Rheological Acta: An International Journal of Rheology, 1997, 36（6）: 610-617.

[128] BARAVIAN C, QUEMADA D. Using instrumental inertial in controlled stress rheometry[J]. Rheologica Acta, 1998, 37（3）: 223-233.

[129] 杨挺青, 罗文波, 徐平, 等. 黏弹性理论与应用 [M]. 北京: 科学出版社, 2004.

[130] RIVLIN R S. Large elastic deformations of isotropic materials: further developments of the general theory[J]. Philosophical Transactions of the Royal Society A, 1948, 241（835）: 379-397.

[131] TRELOAR L R G. Stress-strain data for vulcanized rubber under various types of deformation[J]. Rubber Chemistry and Technology, 1944, 17（4）: 813-825.

[132] RIVLIN R S, SAUNDERS D W. Large elastic deformations of isotropic materials : experiments on the deformation of rubber[J]. Philosophical Transactions of the Royal Society A, 1951, 243（865）: 251-288.

[133] RIVLIN R S, SAUNDERS D W. The free energy of deformation for vulcanized rubber[J]. Transactions of the Faraday Society, 1952, 48: 200-206.

[134] KAWABATA S, KAWAI H. Strain energy density functions of rubber vulcanizates from biaxial extension[J]. Advances in Polymer Science, 1977, 24: 89-124.

[135] TSCHOEGL N W. Phenomenological aspects of the deformation of elastomeric networks[J]. Polymer, 1979, 20（11）: 1365-1370.

[136] OGDEN R W. Non-Linear elastic deformations[M]. New York: Wiley, 1984.

[137] EICHINGER B E. The theory of high elasticity[J]. Annual Review of Physical Chemistry, 1983, 34（1）: 359-387.

[138] LAI M, KREMPL E, RUBEN D. Introdunction to Continuum Mechanics [M].4th ed. Emesterdam: Elsevier, 2010.

[139] OGDEN R W. Large deformation isotropic elasticity-on the correlation of theory and experiment for incompressible rubberlike solids[J]. Proceedings of the Royal Society A: Mathematical, Physical and Engineering Science, 1972, 326（1567）: 565-584.

[140] BLATZ P J, SHARDA S C, TSCHOEGL N W. Strain energy function for rubberlike materials based on generalized measure of strain[J]. Transactions of the Society of Rheology, 1974, 18（1）: 145-161.

[141] BONN D, KELLAY H, PROCHNOW M, et al. Delayed fracture of an inhomogeneous soft solid[J]. Science, 1998, 280（5361）: 265-267.

[142] VLIET T V, WALSTRA P. Large deformation and fracture behavior of gels[J]. Faraday Discussion, 1995, 101: 359-370.

[143] BAUMBERGER T, RONSIN O. From thermally activated to viscosity controlled fracture of biopolymer hydrogels[J]. The Journal of Chemical Physics, 2009, 130（6）: 061102.

[144] LUYTEN H, VLIET T V. Fracture properties of starch gels and their rate dependency[J]. Journal of Texture Studies, 1995, 26（3）: 281-298.

[145] GAMONPILAS C, CHARALAMBIDES M N, WILLIAMS J G. Determination of large deformation and fracture behavior of starch gels from conventional and wire cutting experiments[J]. Journal of Materials Science, 2009, 44（18）: 4976-4986.

[146] MOW V C, KUEI S C, LAI W M, et al. Biphasic creep and stress relaxation of articular cartilage in compression: theory and experiments[J]. Journal of Biomechanical Engineering, 1980, 102（1）: 73-84.

[147] KALYANAM S, YAPP R D, INSANA M F. Poro-viscoelastic behavior of gelatin hydrogel under compression-implications for bioelasticity imaging[J]. Journal of Biomechanical Engineering, 2009, 131（8）: 081005.

[148] FORTE A E, AMICO F D, CHARALAMBIDES M N, et al. Modelling and experimental characterization of the rate dependent fracture properties of gelatin gels[J]. Food Hydrocolloids, 2015, 46: 180-190.

[149] FORRESTAL M J, TZOU D Y. A spherical cavity-expansion penetration model for concrete targets[J]. International Journal of Solids and Structures, 1997, 34（31-32）: 4127-4146